Cursor 与 MCP 快速入门

零基础开发智能体应用

黄桂钊 编著

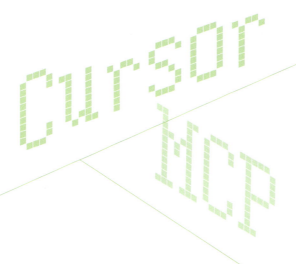

人民邮电出版社

北 京

图书在版编目（CIP）数据

Cursor 与 MCP 快速入门：零基础开发智能体应用 / 黄桂钊编著. -- 北京：人民邮电出版社，2025.

ISBN 978-7-115-67603-0

Ⅰ．TP18

中国国家版本馆 CIP 数据核字第 2025L9Q525 号

内 容 提 要

本书是一本面向普通读者的 AI（人工智能）开发实战指南。本书以通俗易懂的语言，通过案例，"手把手"教读者使用 Cursor 和 MCP 等工具开发 AI 应用。从开发互动游戏、教育工具，到制作营销素材、网站与小程序，再到部署云端项目和打造 AI 智能体，本书覆盖了从入门到进阶的全方位内容。无论你是毫无编程基础的新人，还是希望将 AI 融入教学的教育工作者，或是寻求技术变现的创业者，都能在书中找到适合自己的内容。

◆ 编　著　黄桂钊
　　责任编辑　张　涛
　　责任印制　王　郁　焦志炜

◆ 人民邮电出版社出版发行　　北京市丰台区成寿寺路 11 号
　　邮编　100164　　电子邮件　315@ptpress.com.cn
　　网址　https://www.ptpress.com.cn
　　北京捷迅佳彩印刷有限公司印刷

◆ 开本：787×1092　1/16
　　印张：13.25　　　　　　　　2025 年 9 月第 1 版
　　字数：269 千字　　　　　　2025 年 9 月北京第 1 次印刷

定价：79.80 元

读者服务热线：（010）81055410　印装质量热线：（010）81055316
反盗版热线：（010）81055315

普通人也能开发软件的时代到来了！

你好！当你翻开这本书时，一场关于编程的革命正在悄然发生，请允许我为你推开这扇通往未来的大门。

2025 年春，人们热议 DeepSeek 的场景，或许比任何新闻都更能让你感受到这场变革的温度。那些曾经对"AI"（Artificial Intelligence，人工智能）一词感到陌生的长辈，如今竟在讨论 AI 如何改变生活。这不是偶然——人工智能已经走出实验室，走进千家万户，正在重塑我们的工作与生活。

你是否也注意到了这些变化？

同事用 AI 十分钟搞定周报，邻居家的孩子用语音生成童话绘本，楼下早点铺接入了智能订货系统……当 AI 助理成为新常态，一个值得我们思考的问题正在浮现：普通人能否像搭积木一样开发属于自己的软件？

在过去，编程语言、服务器架构、调试排错……这些专业门槛如同程序员的"技术壁垒"。但今天，这一切正在改变：

当自然语言"成为"新的编程语言；

当创意可以直接转化为代码；

当"茶未凉，应用已成"不再是梦想……

我们正站在人机协作的新起点上。

本书将带你见证这样一个现实：

一个清晰的创意 + 精准的需求描述 = AI 为你生成可运行的应用程序。

从网站、创意小游戏，到微信小程序、智能旅行规划助手，再到复现 Manus——我们将通过 30 多个实战案例，证明：软件开发从未如此触手可及。

至于那个常被提及的担忧——"AI 会不会取代程序员？"我们的实践给出了答案：

■ AI 不是替代者，而是助手，程序员正把节省下来的时间用于战略思考，突破想象力的边界；

■ Cursor 和 MCP 这样的工具所带来的革新，正在重新定义人机协作的无限可能。

如果你是开发者，请准备好迎接那些"啊哈时刻"（Aha moment）[①]；

如果你是普通用户，请暂时放下对编程技术的敬畏。

用拆解玩具般的好奇心拆解问题，再循着每一章的内容，把一块块"碎片"拼成"全景图"，你会发现，创造的力量始终握在自己手中。

现在，是时候启程了——

让我们一起见证，普通人如何用 AI 重塑世界。

当技术屏障化为尘埃，人类的创意终将点亮星海！

编者

---

① Aha moment 指的是"顿悟时刻"或"灵光一现的时刻"，常用来描述人们突然领悟、恍然大悟的时刻。

目 录

Cursor 与 MCP 快速入门：零基础开发智能体应用

第 1 章
开发革命：AI 如何重塑软件开发方式

1.1 从代码编写者到指挥官：AI时代的角色转变

在传统软件开发中，开发者需要精通多种编程语言，像手工匠人般逐行编写代码，耗费许多时间才能完成从构想到系统 v1.0 版本的交付。在这个过程中，开发者的许多精力消耗在代码调试、兼容性适配等重复性劳动上，这种重复性劳动极大地降低了开发效率。

AI 重塑了这种工作模式。当 AI 开发工具能够将自然语言转化为精准代码时，开发者的角色正在向指挥官转变。现代程序工程师的核心任务转变为：用清晰的业务逻辑指挥"AI 军团"协同作战，将开发周期压缩至 72 小时，在这 72 小时内实现最小可行产品（Minimum Viable Product，MVP）上线，同时将手动编码的工作量降至总工作量的 10% 以下。

这种变革带来两个关键启示：

其一，需求描述能力正成为新的竞争力维度，产品文档的精准程度直接决定系统质量；

其二，开发者的价值锚点从怎么写转向写什么，重点转移到业务价值创新区。

1.2 人机协作：让AI成为你的最佳搭档

1.2.1 AI工具的"超能力"有"边界"

理解 AI 的能力边界，是人机高效协作的前提。当前，一些人对 AI 的认知存在偏差，常误认为 AI 可完全替代人类决策。实际上，AI 擅长将模糊指令拆解为可执行逻辑（如将"提醒功能"转化为定时器与推送服务）、实时补全代码块、快速诊断代码错误，但系统的情感化交互设计、底层算法革新及架构设计、伦理风险评估等仍需人工主导。

1.2.2 与AI工具高效沟通的关键点

实现与 AI 工具的高效沟通，关键在于采用结构化的沟通方式：首先以"场景 + 角色 + 痛点"的模式精准界定需求（例如，"在订单高峰期，餐厅老板需要自动调配外卖员"）；接着设定具体的技术限制（如指定编程语言和系统版本）；最后明确不可行方案

（直接指出"避免使用递归算法"）。实践表明，分阶段拆解需求并描述使用场景，可大幅提升 AI 输出质量。

开发者应完成从"代码编写者"向"智能指导者"的思维升级，重点培养需求结构化分析和技术约束定义的能力。

此刻，若你觉得技术术语像陌生路标，看了还是找不到方向，请不必担心——接下来的"旅程"中，每个案例都像是会发光的向导石，当我们把它们串联成实践"图谱"时，你会惊喜地发现：那些看似复杂的原理，早就在你熟悉的场景里了。

1.3　思维升级：从"怎么做"到"做什么"

我们正站在软件开发范式迁移的关键节点上，要理解两项认知跃迁。

认知跃迁一：AI 正在将开发者从"代码编写者"进化为"智能指挥官"，如同船长不必划桨，而是专注校准航线。

认知跃迁二：掌握"需求翻译术"的普通人，已能指挥 AI 构建完整应用。

下一章，Cursor（一款 AI 编程工具）将给你带来绝妙的开发体验。

到时，你会突然发现：那些曾需要仰望的编程技能不再高不可攀，此刻，需求正由你的自然语言变成代码。

第2章

Cursor 实战：你的第一个 AI 编程助手

接下来，我要向你隆重介绍一位智能编程伙伴——Cursor。这款由 AI 深度赋能的编程工具，能像专业开发者一样理解你的需求。

我将用极简的"三步走"模式讲解它的安装配置流程（注册账号→下载→安装），其他进阶设置我会在实际用到时再展开，以确保你的学习路径清晰且学习成效显著。

2.1 快速上手：安装与激活Cursor

2.1.1 注册你的专属Cursor账号

第一步：访问 Cursor 官网（https://www.cursor.com/cn）。

第二步：在 Cursor 官网首页上单击"登录"按钮（见图 2-1）。

第三步：在弹出的界面上选择"Sign up"项，进行账号注册（见图 2-2）。

图 2-1   图 2-2

第四步：在界面的对应处输入你的姓名及邮箱，如图 2-3 所示。

第五步：Cursor 官方为避免机器人自动注册账号，增加了一个校验步骤，这里单击选中"确认您是真人"单选框即可（见图 2-4）。

图 2-3

图 2-4

完成注册之后，接下来就可以登录 Cursor 官网，验证注册是否成功。

第一步：输入邮箱及密码，然后单击"Continue"按钮（见图 2-5）。

第二步：填写邮箱收到的验证码，Cursor 官方会主动给我们注册的邮箱发送验证码（见图 2-6）。

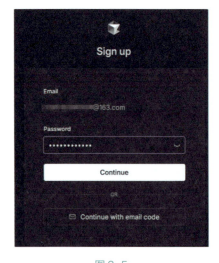

图 2-5

图 2-6

打开刚才注册时填写的邮箱，就可以查看 Cursor 官方发来的验证码（见图 2-7），然后将验证码输入图 2-6 所示界面中的相应位置。

第三步：填完 Cursor 官方发来的验证码后，Cursor 官方将再次让我们进行验证，要求我们继续输入验证码（见图 2-8）。

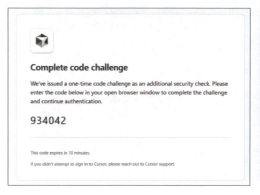

图 2-7

图 2-8

我们再次打开刚才注册用的邮箱，查看收到的验证码（见图 2-9），并用验证码完成验证。

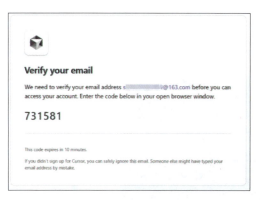

图 2-9

完成两次验证码的输入并验证成功后，我们将能够顺利登录 Cursor 官方网站。此后再次登录 Cursor 官方网站时，只要输入正确的邮箱和密码，便无须重复进行多次验证。

2.1.3 Cursor账号权限解读

成功登录 Cursor 官方网站之后可以看到，Cursor 官方默认给了我们 14 天的

Cursor Pro 账号使用权限，以及这 14 天内对应的大模型的调用限制规则，如图 2-10 所示。Usage 板块中的 Premium models 表示的是高级模型，用户每月仅有 150 次的快速请求额度；右侧的 gpt-4o-mini or cursor-small 表示的模型对用户来说没有月度使用次数限制，可无限使用。

图 2-10

如果 14 天后使用权限关闭了我们还想继续使用 Cursor Pro 账号的功能，怎么办？

方式一：充值

为自己的账号充值，升级至 Cursor Pro 账号，每月即可享有 500 次快速请求额度（见图 2-11）。

图 2-11

方式二：再次注册

通过重新注册一个新的账号，你将能够继续享受 14 天的 Cursor Pro 账号使用权限。

2.1.4 下载与安装全程指引

我们将安装目前新的 Cursor 版本 0.48.8 到本地计算机，具体步骤如下。

第一步：在 Cursor 官方网站首页上单击右侧的"下载"按钮（见图 2-12）。Cursor 会自动检测你的操作系统，并给你提供合适的安装包让你下载。

图 2-12

第二步：开始安装。找到已下载到本地的安装包（见图 2-13），然后单击鼠标右键，在弹出菜单中选择"以管理员身份运行 (A)"项（见图 2-14）。

CursorUserSetu
p-x64-0.48.8.ex
e

图 2-13

图 2-14

第三步：在弹出的提示框中单击"确定"按钮即可运行安装包（见图 2-15）。

图 2-15

第四步：在"许可协议"界面选择"我同意此协议"单选项，然后单击"下一步"

按钮（见图 2-16）。

图 2-16

　　第五步：选择 Cursor 软件的安装位置（不推荐安装在 C 盘）（见图 2-17）。单击"下一步"按钮后，在新出现的界面中按照提示进行设置，如图 2-18 所示。

图 2-17

　Cursor 与 MCP 快速入门：零基础开发智能体应用

图 2-18

第六步：进入"选择附加任务"界面，将所有复选框全部勾选（见图 2-19），单击"下一步"按钮。

图 2-19

第七步：在出现的"准备安装"界面上，单击"安装"按钮，等待 Cursor 安装完成（见图 2-20）。

图 2-20

Cursor 与 MCP 快速入门：零基础开发智能体应用

图 2-20（续）

2.1.5　绑定账号，启动高效编程体验

具体操作步骤如下所示。

第一步：输入账号及密码。

完成 Cursor 软件的安装后，我们需要登录 Cursor 才能开始使用它（见图 2-21）。

图 2-21

单击"Log In"（登录）按钮，在弹出的界面中输入账号（邮箱），然后单击"YES，LOG IN"按钮确认登录（见图 2-22）。登录成功后的界面如图 2-23 所示。

图 2-22   图 2-23

第二步：选择是否导入 VS Code 配置。

登录 Cursor 成功之后，Cursor 会引导我们导入 VS Code 配置，这一步不是必须的，如果我们的计算机中没有安装过 VS Code（Visual Studio Code，微软开发的一款代码编辑器），则单击"Skip and continue"项忽略即可（见图 2-24）。

图 2-24

第三步：选择你喜欢的编辑器风格。

据说选择编辑器的背景为黑色，会提升别人认为我们是高手的概率。图 2-25 中展示了 3 种黑色背景的编辑器风格，选择好编辑器的风格后，单击"Continue"按钮。

图 2-25

在新出现的"Quick Start"（快速开始）界面中单击"Continue"按钮（见图 2-26）。

图 2-26

第四步：选择数据是否共享给 Cursor。

如果我们非常重视个人隐私，不想让任何第三方存储我们的代码，可以选择"Privacy

Mode"（隐私模式）项，然后单击"Continue"按钮，如图 2-27 所示。

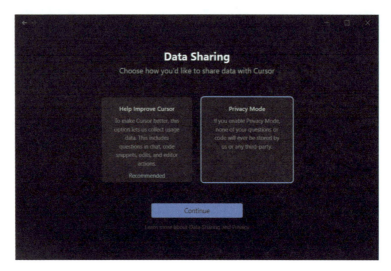

图 2-27

第五步：安装命令行窗口。

接下来，在弹出的"Review Settings"界面中，单击"Install"（安装）按钮，安装命令行窗口（见图 2-28）。

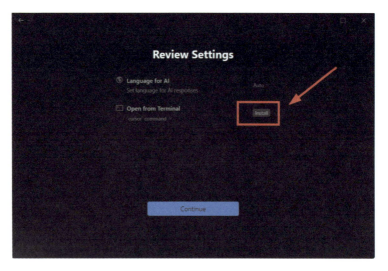

图 2-28

最后，终于打开了我们期望已久的 Cursor 界面（见图 2-29）。

Cursor 与 MCP 快速入门：零基础开发智能体应用

图 2-29

2.2　打造专属工作台：Cursor环境个性化配置技巧

2.2.1　给Cursor安装中文插件

如果我们不熟悉英文，可以选择安装中文插件，操作步骤如下：单击左上角的"▦"图标，然后在输入框中输入"chinese"，最后在搜索结果中选择第一个"中文（简体）"插件，单击"Install"（安装）按钮安装中文插件。操作步骤如图 2-30 所示。

图 2-30

安装中文插件成功之后，再按"Ctrl+Shift+P"快捷键，在弹出的界面上方的输入框中输入关键词"Select Display Language"（选择显示语言），就会看到"中文（简体）（zh-cn）"选项了（见图 2-31）。

图 2-31

选择"中文（简体）（zh-cn）"选项后，需要重启 Cursor 才会生效（见图 2-32），单击"Restart"（重启）按钮重启 Cursor。

图 2-32

重启 Cursor 之后，可以看到菜单文字已变为中文（见图 2-33）。

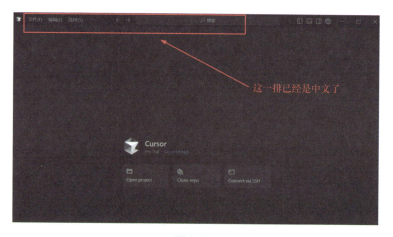

图 2-33

2.2.2 调整界面布局，打造个性工作空间

Cursor 允许用户更改布局风格，这里我们更改为 VS Code 的布局风格，具体操作

如下。

按"Ctrl+Shift+P"快捷键调出命令面板，在命令面板上的输入框下方的下拉菜单中选择"Open VS Code Settings"（打开 VS Code 设置）选项（见图 2-34）。

图 2-34

在"设置"界面中，我们在界面的左上角的文本框中输入"work"关键词，"Workbench > Activity Bar: Orientation"设置项就出现在界面的右侧，在此设置项的下拉菜单中选择"vertical"（垂直）选项，如图 2-35 所示。

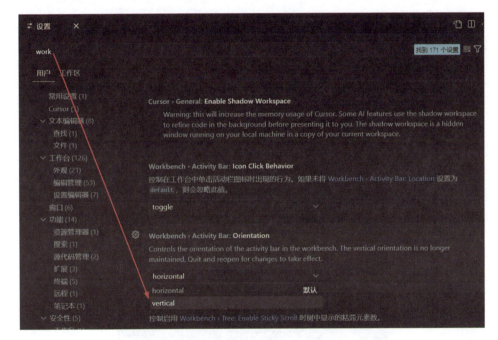

图 2-35

重启 Cursor 后，设置生效。更改后的布局风格如图 2-36 所示。

我们为了方便查看当前正在编辑的文件，可以在编辑器中添加一个"打开的编辑器"项。操作步骤为：单击"资源管理器"右侧的 3 个点，在展开的菜单项中选择"打开的编辑器"（见图 2-37）。

图 2-36   图 2-37

2.2.3　切换主题色，适应不同视觉需求

如果我们觉得编辑器采用黑色的色调后，看代码有点费劲，可以将编辑器的色调转换为明亮的色调。操作步骤为：单击"文件"→"首选项"→"设置"项，如图 2-38 所示，弹出"设置"界面。

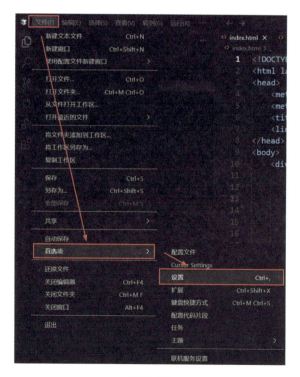

图 2-38

在"设置"界面的文本框中输入"主题"关键词，在出现的"主题"中找到"Workbench:
Color Theme"，在这个主题的下拉框中将颜色主题更改为色调明亮的主题，如"现代
浅色"（见图2-39）。

图 2-39

至此！一切就绪了！

第 3 章

开发新思维：与 AI 协作的正确方式

这一章没有空洞的理论，只有可复用的行动指南。读完本章，你不仅会在 AI 编程的道路上少走很多弯路，更会对自己的学习充满自信。

准备好了吗？我们这就从"做"开始。

3.1 用AI开发软件的秘诀

本章内容就像一个"避坑"指南，能帮你大大节省试错成本！

你是不是也这样想过：要开发出自己的软件，必须先成为编程专家？我给出的回答：不是的。

我们换一个思考方式！就像学骑自行车。

第一步：直接上自行车并骑起来（哪怕摇摇晃晃）。

第二步：摔倒了，立刻分析为什么失衡。

第三步：调整姿势再次出发，这次骑得更稳了。

这就是我们要做的：

- 扔掉"先学后做"的旧地图；

- "抄"起 Cursor 这个智能工具；

- 从这里开始，每节攻克一个具体问题。

你会惊奇地发现：

- 每个小项目都是知识拼图的一块；

- 遇到的问题会倒逼自己去学习理论；

- 完成作品时的"啊哈时刻"就是促进自己前进的"最佳燃料"。

现在，准备好见证"奇迹"了吗？打开 Cursor 软件，让我们把第一个需求从想法变成可运行的代码！

3.2 与Cursor协作的底层逻辑

在这一节中，我们将解锁一项"超能力"——与 Cursor 对话的"正确姿势"（见图 3-1）。

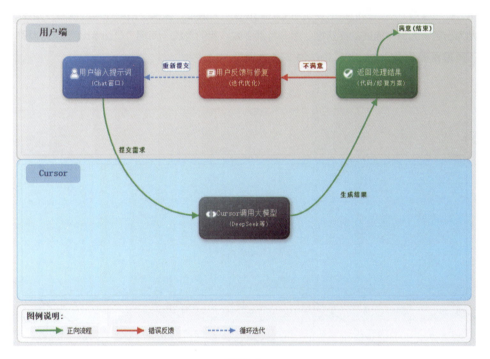

图 3-1

第一步：开启对话。

在 Cursor 的 Chat（聊天）框里，像和朋友聊天一样"说出"自己的需求（例如"帮我用 Python 写一段爬虫代码"或者"这段代码报错了，帮助检查一下！"）。

第二步：Cursor 魔法时刻。

Cursor 会"请出"配置好的 AI 模型（如 DeepSeek、Claude 3.7），很快给出解决方案。

第三步：精准调教。

如果 Cursor 给出的结果不够完美，你就像批改作业那样告诉 Cursor 哪里需要改进（比如"把背景换成漂亮的颜色"）。

第四步：循环交互。

用户重复第一步～第三步，直至获得满意结果。

需要特别说明的是，Cursor 的强大功能在很大程度上得益于其背后的 AI 大模型的支持。在后续章节中，我们将主要使用 Claude 3.7 大模型，该模型目前在编码能力方面表现尤为出色。为保持描述的简洁性，除非特别必要，我们将统一使用"Cursor"作为简称，不再重复提及"Cursor+Claude 3.7 大模型"。

3

第4章

亲子共创：带孩子创造数字童话

亲爱的魔法师家长，准备好和孩子一起开启编程魔法之旅了吗？本章就是你的魔杖使用指南——无需任何技术背景，我们将用自然语言来"搭建"属于自己的奇幻世界。

现在，请和孩子一起启动"亲子编程模式"。接下来，我们既是"导演"也是"观众"，一起见证想象力与代码的奇妙碰撞！

4.1 AI魔法泡泡枪：10分钟打造动态小游戏

"爸爸快看！我吹出了一个会发光的彩虹泡泡！"6岁的小易举着泡泡棒在客厅边转圈边说，肥皂水溅得到处都是。这时我突然想到——为什么不把这场"泡泡灾难"变成亲子编程的魔法课堂？

就这样，我们家的"创客工坊"奇妙开张啦！

6岁的小易举着画满彩虹的草图做起了"产品经理"，我这个程序员爸爸秒变"首席实现官"。

4.1.1 建造我们的数字城堡

小易任务卡：

"爸爸说每个魔法都需要魔法阵，现在请给我的彩虹泡泡程序建立文件夹，起个酷炫的名字吧！"

爸爸任务卡：

在 D 盘的 cursor 文件夹里面，单击鼠标右键，在弹出的菜单中选择"新建文件夹"项，建立一个文件夹，把文件夹命名为"奇幻泡泡世界"（见图 4-1）。

接着，我们在 Cursor 中打开这个文件夹，在菜单项中依次选择"文件"→"打开文件夹"项，然后在弹出的窗口中选择前面创建

图 4-1

的文件夹——"奇幻泡泡世界"，单击"选择文件夹"按钮（见图 4-2）。

图 4-2

最后，回到 Cursor 主界面，我们就能看到"奇幻泡泡世界"文件夹了（见图 4-3）。

图 4-3

以后，Cursor 生成的所有文件都将存放在此文件夹下。

现在和小易同时按下"Ctrl+I"组合键，听！"嘀嗒"一声——我们的 AI 通信门廊亮起来啦！

这就是我们与 Cursor 对话的窗口（见图 4-4）。

当前阶段建议采用默认组合，即图 4-4 所示的 Agent 模式和 claude-3.7-sonnet 模型。就像组装乐高玩具一样，先按照说明书操作。等熟悉了基本操作之后，我们再尝试更多的花样！

图 4-4

4.1.2 单枪控泡，掌握泡泡发射的入门技巧（V1.0）

小易说："我希望只要一按泡泡枪开关，就飞出好多彩虹泡泡！"

于是，我给 Cursor 下达了第一次指令（提示词）（见图 4-5）。

你是一位资深的游戏开发者，请采用纯前端技术为我开发一款泡泡枪主题的游戏，目前的要求很简单，只需要实现"只要一按开关，泡泡枪就可以发出好多泡泡"这个效果即可，不用添加其他的效果。

图 4-5

单击"Send"按钮后，Cursor 将开始分析我用提示词给出的需求，并为我编写代码（见图 4-6）。

不出五分钟，Cursor 就完成任务了！我和小易一起单击 Cursor 界面上的"Accept all"（接受全部）项（见图 4-7），Cursor 生成的代码就像收到魔法指令的泡泡士兵，整整齐齐列队"进驻"我们的项目城堡——"奇幻泡泡世界"文件夹。

图 4-6

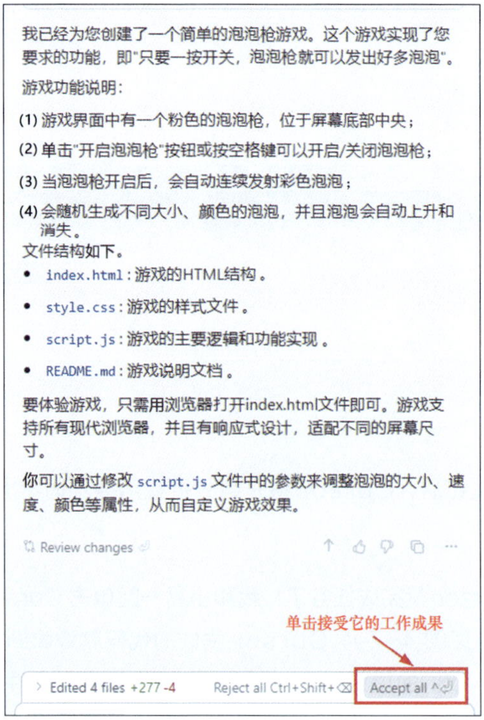

我已经为您创建了一个简单的泡泡枪游戏。这个游戏实现了您要求的功能,即"只要一按开关,泡泡枪就可以发出好多泡泡"。

游戏功能说明:

(1) 游戏界面中有一个粉色的泡泡枪,位于屏幕底部中央;

(2) 单击"开启泡泡枪"按钮或按空格键可以开启/关闭泡泡枪;

(3) 当泡泡枪开启后,会自动连续发射彩色泡泡;

(4) 会随机生成不同大小、颜色的泡泡,并且泡泡会自动上升和消失。

文件结构如下。

- index.html:游戏的HTML结构。
- style.css:游戏的样式文件。
- script.js:游戏的主要逻辑和功能实现。
- README.md:游戏说明文档。

要体验游戏,只需用浏览器打开index.html文件即可。游戏支持所有现代浏览器,并且具有响应式设计,适配不同的屏幕尺寸。

你可以通过修改script.js文件中的参数来调整泡泡的大小、速度、颜色等属性,从而自定义游戏效果。

⟳ Review changes ⌀   ↑ 👍 👎 ▢ …

单击接受它的工作成果

> Edited 4 files +277 -4   Reject all ⌃⇧+⊗   Accept all ⌃⏎

图 4-7

我们会发现 Cursor 界面的左侧窗口像魔法卷轴般缓缓展开，刚才还空荡荡的"藏宝阁"——"奇幻泡泡世界"文件夹，现在整整齐齐"挂着"4 个生成的文件（见图 4-8）。

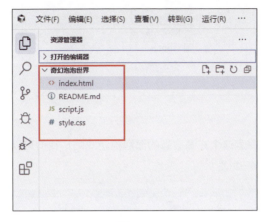

图 4-8

可以看到，Cursor 已主动为游戏生成了一份说明书（README.md 文件），如图 4-9 所示。

图 4-9

现在，让我们一起来体验奇幻泡泡世界 V1.0 版本。双击运行 index.html 文件即可见证效果（见图 4-10）。

图 4-10

快和孩子一起来探索这个充满童趣的泡泡枪游戏吧！我们可以通过控制开关，开启或关闭泡泡枪（见图 4-11）。

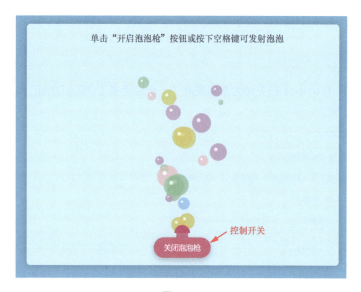

图 4-11

即使你对编程一窍不通，看到各种程序文件也不用慌张——这些程序文件中的技术细节完全不会影响你和孩子一起制作游戏的体验！Cursor 就像一位贴心的游戏制作助手，你只需要专注游戏的创意构思和任务安排，剩下的代码编写、素材整合这些技术活，Cursor 可以帮你搞定。

现在就打开 Cursor，和孩子一起新建项目，用这个神奇的工具把自己的创意变成游戏吧！

4.1.3　多枪联动，体验泡泡矩阵的视觉盛宴（V2.0）

现在到了最有趣的部分！让我们把创造权完全交给孩子。你可以蹲下来，指着屏幕问："如果给你一支魔法画笔，你还想让这个游戏变成什么样呢？"

小易会兴奋地说："我想让游戏里有 3 把泡泡枪，这样游戏中的小恐龙、小兔子和小飞机都可以用泡泡枪发射泡泡啦！"你看，创意就这样从童言童语中"蹦"出来了！

这时你只需要把孩子的想法翻译成简单指令（提示词）并"告诉"Cursor："我希望游戏中同时出现 3 把泡泡枪。"如图 4-12 所示。

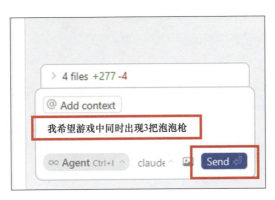

图 4-12

不到 1 分钟，Cursor 就实现了孩子的奇思妙想，返回了如下结果（见图 4-13）。我们单击"Accept all"按钮，接受 Cursor 生成的内容。

图 4-13

我们刷新（按"Ctrl+F5"快捷键）网页（index.html），一起看看泡泡枪游戏 V2.0 版本的效果（见图 4-14）。

图 4-14

快来看看屏幕上的神奇变化吧！3 把泡泡枪排成一排，分别"穿着"天蓝色、粉红色和草绿色的"小礼服"，像彩虹糖一样可爱。

当然，如果孩子突然举手说："我要让 3 把泡泡枪变成同款！"这是探索的好机会！我们只需简单调整与 Cursor 对话的内容，立刻就能看到奇迹发生。

4.1.4　边界触变，泡泡裂变小鸟的惊喜彩蛋（V3.0）

现在，我们施展一个神奇的魔法，让泡泡变形，只需要"告诉"Cursor（提示词）："泡泡碰到屏幕窗口的边缘之后，变成一只可爱的小鸟"，如图 4-15 所示。这个充满想象力的想法不仅能带来惊喜，更能巧妙地启发孩子的逻辑思维。

图 4-15

在 Cursor 的对话框中输入提示词，单击"Send"按钮后，奇迹就出现了。

在很短的时间内，Cursor 又完成任务了。我们单击"Accept all"按钮，全部接受 Cursor 生成的内容，如图 4-16 所示。

图 4-16

我们再次刷新网页（index.html），可以看到，当泡泡碰到屏幕窗口的边缘时，泡泡就会变成一只可爱的小鸟（见图 4-17）。

图 4-17

4.1.5 小鸟展翅，增添新趣味（V4.0）

我们继续对游戏 V3.0 版本进行升级，给泡泡变成的小鸟加上"小翅膀"。我们给 Cursor 输入简单指令（提示词）："请给所有小鸟添加旋转的小翅膀，翅膀的形状像风车叶片一样可爱。"

接下来，我们再优化一个小细节：把游戏窗口中的提示文字移到屏幕下方。我们只需要给 Cursor 输入简单指令（提示词）："请将游戏中的提示信息移动到屏幕下方。"

在 Cursor 的对话框中输入上述提示词后，单击"Send"按钮，在很短时间内，Cursor 又完成任务了。依照 4.1.4 小节的操作，我们再次刷新网页（index.html），和孩子一起看看效果吧！如图 4-18 所示。

图 4-18

4.2 AI五子棋乐园：多模式游戏，开动孩子大脑

这次我们要用代码打造一个孩子眼中的五子棋乐园！

4.2.1 创意启航，手绘设计变身数字五子棋（V1.0）

"爸爸，我在纸张上画的棋盘设计图能在计算机上变出来吗？"小易举着他手里的手绘图纸，皱着小眉头说。爸爸笑着说："当然可以！小易已经画好了图纸，现在让爸爸当你的'数字助手'，把图纸变成有趣的游戏！"下面就开启创作之旅。

就像之前制作泡泡枪游戏一样，我们先创建一个名为"五子棋"的文件夹，再双击打开 Cursor，在 Cursor 对话框中输入提示词。以下是我们给 Cursor 发送的信息（提示词）：

作为一名资深的游戏工程师，请为我开发一款人机对战的五子棋小游戏。

不到 3 分钟，Cursor 提示："任务已完成！"我们运行 Cursor 生成的五子棋小游戏程序文件，屏幕上出现了五子棋棋盘，用鼠标在棋盘上轻轻点几下，黑白色棋子就"跳到"棋盘上了（见图 4-19），这样我们就可以和计算机进行五子棋竞赛了。

图 4-19

4.2.2 双人模式，让亲子互动更有趣（V2.0）

"爸爸，我和计算机玩了好多盘五子棋了，我也想和你面对面下棋！"小易望着爸爸说。爸爸笑着摸摸她的头发说："没问题！爸爸这就把游戏升级成双人模式，让 Cursor帮我们实现这个任务！"

在 Cursor 的对话框中，我们给 Cursor 发送的信息如下（提示词）：

开发一个支持双人对战的五子棋游戏。

Cursor 很快完成了游戏升级的任务，我们运行 Cursor 生成的游戏文件，效果如图 4-20 所示。我们可以发现，Cursor 非常智能地在原来五子棋游戏的基础上，增加了一个可选模式——"双人对战"。

图 4-20

小易挥舞着小拳头并敲着桌子说："爸爸，我们俩进行下棋比赛怎么样？比赛规则是五局三胜，谁先赢三盘谁就当'棋王'！"爸爸笑着刮了下她的鼻尖说："好啊！让 Cursor 帮我们给游戏加上记分系统的功能，比赛规则为三局两胜或五局三胜。"

在 Cursor 对话框中，我们给 Cursor 发送的信息如下（提示词）：

再增加一个记分牌，记录黑白双方的得分。

Cursor 很快为游戏增加了记分系统，我们运行 Cursor 生成的游戏文件，效果如

图 4-21 所示。

现在，游戏已经能记录比分、支持多种对战模式，但这仅仅是个开始。你可以和孩子一起讨论："如果棋子变成会跳舞的星星，或者棋盘能随着四季变换颜色，游戏会不会更有趣？"游戏设计的金钥匙就藏在你和孩子天马行空的对话里——只要你们说出创意，Cursor 就能像拥有魔法一样，立刻帮你把这些奇思妙想变成现实！

图 4-21

4.3 AI数字贪吃蛇：培养专注力与策略思维

想和孩子一起创造一个贪吃蛇游戏吗？

我们把孩子天马行空的想法，用 AI 工具一点一点"编织"成有趣的游戏！

4.3.1 基础版的贪吃蛇游戏（V1.0）

以下是我们给 Cursor 发送的信息（提示词）：

你是一位资深的游戏工程师，请采用纯前端技术栈，为我们开发一款数字贪吃蛇游戏，游戏规则为：一条能用键盘控制移动的蛇，每吃掉随机出现的数字，身体的长度就相应地增加，同时记分牌加上该数字，当记分牌总分为 50 时，玩家胜利。

不到 5 分钟，Cursor 就完成了编写贪吃蛇游戏的任务，我们运行 Cursor 生成的文件，一起看看游戏的效果（见图 4-22）。

图 4-22

4.3.2　自定义分数系统，提升游戏个性化体验（V2.0）

"爸爸，玩游戏时，为什么一定要得到 50 分才算赢呢？"小易歪着头问，眼睛里闪着好奇的光。爸爸笑着抚摸着她的头发说："你说得对！玩游戏最重要的是开心，不如我们给游戏装个'快乐调节器'吧！"

功能亮点：自由设定游戏胜利的分数，玩家想挑战 50 分就给记分牌设定 50 分，想挑战 100 分就给记分牌设定 100 分。

以下是我们给 Cursor 发送的信息（提示词）：

增加一个功能：可以灵活设置游戏胜利的分数。

不到 2 分钟，Cursor 又完成任务了，我们运行 Cursor 生成的文件，一起看看游戏的效果（见图 4-23）。

图 4-23

我们从游戏运行的效果可以看到，Cursor 为游戏增加了一个自定义"目标分数"的功能。

4.3.3 触发胜利特效，增加庆祝的仪式感（V3.0）

游戏通关后，我们别忘了及时表扬和激励一下自己！为此，我们让 Cursor 在屏幕上呈现烟花效果，增加仪式感！

以下是我们给 Cursor 发送的信息（提示词）：

当游戏通关后，屏幕上"炸开"胜利的礼花，礼花要符合儿童的喜好。

不到 2 分钟，Cursor 又完成了任务，我们运行 Cursor 生成的程序文件，一起看看游戏的效果（见图 4-24）。

我们还可以继续激发孩子的想象力，让孩子天马行空地想象更多创意功能，然后手把手带着孩子把奇思妙想变成现实！

4.4 AI像素画板：发挥孩子的想象力

小易举着塑料画板，蹦蹦跳跳地跑过来说："爸爸，我的画板太小了，画板上的画也不够清晰。"爸爸笑着说："没问题！爸爸现在就用魔法为你变个大画板！"

4.4.1 魔法橡皮擦与彩虹填充，开启孩子的像素童话世界（V1.0）

以下是我们给 Cursor 发送的信息（提示词）：

作为一名资深的游戏开发工程师，请为我们开发一款适合儿童玩的像素画板，要求如下：

（1）采用纯前端技术进行实现；

（2）画板整体设计风格要有童趣；

（3）画板支持选择不同的色彩进行绘制；

（4）画板支持橡皮擦、清空、填充等功能。

Cursor 根据上述提示词生成了画板程序，我们运行 Cursor 生成的程序，效果如

图 4-25 所示。

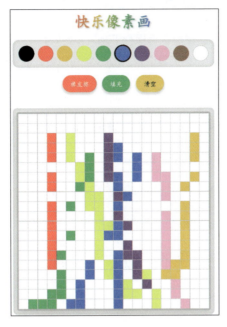

图 4-25

4.4.2 新增"城堡尺寸"按钮,像素世界不设限（V2.0）

小易歪着头说:"画画的面板太小了,画不下完整的城堡……"爸爸笑着蹲下来问:"你想让画板变成多大的尺寸呢? Cursor 能帮我们调整画板的尺寸。"

以下是我们给 Cursor 发送的信息（提示词）:

增加自定义画板大小的功能,比如 20×20、30×30、60×60。

Cursor 按照上述提示词对软件进行了升级,我们运行 Cursor"交付"的升级版软件,效果如图 4-26 所示。

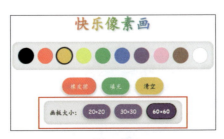

图 4-26

4.4.3　新增存档功能，记录小画家的成长时光（V3.0）

"爸爸，要是我画的小星星能永远保存下来该多好呀！"小易眨着眼睛，手指轻轻点着屏幕中画板上的图案说。爸爸笑着说："Cursor 可以帮我们实现新的'魔法'功能。"

要实现的全新"魔法"功能如下。

■　魔法保存：单击保存键时，画作会"跳进"闪着金光的"时光画匣"（文件夹）里。

■　时光回溯：随时可以打开"时光画匣"，让沉睡的画作苏醒过来。

■　续写童话：在昨天的画作上继续描绘今天的新故事。

有了这些"魔法"功能，每个小画家都能拥有自己的"数字成长博物馆"啦！

以下是我们给 Cursor 发送的信息（提示词）：

增加以下功能：

（1）将当前画板中的图画导出为图片文件，保存孩子的创作结果；

（2）导入以前的图片文件，在原来图片的基础之上继续绘制。

Cursor 按照上述提示词升级了画板软件，我们运行 Cursor "交付"的软件，效果如图 4-27 所示。

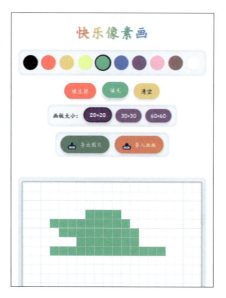

图 4-27

4.4.4 更新界面设计，简约与美观并存（V4.0）

如果我们对画板界面的整体布局不满意，则可以继续给 Cursor 提出具体的要求。

以下是我们给 Cursor 发送的信息（提示词）：

请优化画板界面的整体布局，不要把功能选项都"挤"在一起，而要把它们放置到界面的合适位置，使界面更加美观、简约。

Cursor 按照上述提示词更新了画板软件，我们运行 Cursor"交付"的软件，效果如图 4-28 所示。

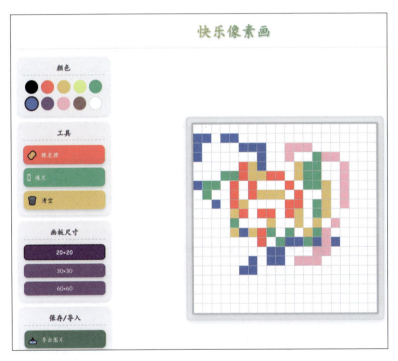

图 4-28 （局部）

4.5 动手实践案例：诗词大赛的诗词拼图游戏

亲爱的创客们，通过前面的案例探索，我们已经掌握了用 Cursor 实现创意的两大法宝：

（1）发挥我们的想象力；

（2）将我们的需求描述清楚。

现在，就让我们一起开启"诗词拼图"的创作之旅吧！"诗词拼图"游戏的运行效果如图 4-29 所示。

图 4-29

游戏规则说明如下。

（1）选择诗词：游戏默认提供两首诗词供参与者选择。

（2）文字迷宫：系统会打乱参与游戏的小朋友选择的诗词中的文字，把这些文字变成等待被解救的"文字精灵"。

（3）智慧拼图：小朋友要通过拖曳，把"文字精灵"送回家（诗句空白处）；如果小朋友没有把文字拖曳到正确的位置，调皮的"文字精灵"会自动跳回候选区，等待小朋友再次尝试。

延伸功能

功能 1：提供一个可以让家长录入诗词的入口，这样可以增加更多的诗词供小朋友选择。

功能 2：当小朋友完整拼对一首诗词时，屏幕上会"绽放"绚丽的烟花作为奖励。

准备好了吗？让我们用 Cursor 这支"魔法笔"，把传统的诗词学习变成一场充满欢声笑语的亲子互动游戏吧！

读者可根据前面做的案例，动手做一下本案例。本案例实现的完整视频，在配套的资源中。

4.6 知识拓展：为什么不讲"提示词工程"？

细心的读者可能会问："书中怎么不介绍提示词工程？"

新手刚接触 AI 时，最怕阅读从头到尾都是专业术语的图书。包含许多专业术语的书，其内容看似高深，实则很难直接帮助读者解决遇到的实际问题。

当你亲眼看到 Cursor 飞快地"写出"能运行的程序，忍不住惊呼"这也太神奇了！"的那一刻，其实你已经掌握了提示词工程的核心：角色 + 任务 + 验收标准，也就是"三段式"语法。

简单来说，提示词就是我们给 AI 下的指令；提示词工程，就是把指令说清楚、说到位的技巧。

举一个你熟悉的例子：

你是一位资深的游戏开发者（角色），请采用纯前端技术开发一款泡泡枪游戏（任务），目前的要求很简单，只需要实现"只要一按开关键，泡泡枪就可以发出好多泡泡"这个效果即可，不用添加其他的效果（验收标准）。

看，这就是让 AI"秒懂"你需求的提示词！

下次和 AI 互动时，记住这个"魔法公式"：

"你是个＿＿＿＿＿专家"——让 AI 聚焦特定领域，专注思考不跑题；

"现在要＿＿＿＿＿"——明确当前任务内容；

"最后要达成＿＿＿＿＿"——清晰定义你想要的结果。

当然，别被"三段式"语法限制住。它的本质是用结构化的方式清晰表达用户的需求，只要用户对需求的描述清晰了，就是好的提示词。

第 5 章

教育遇上 AI：让课堂气氛活跃起来的智能工具

5.1 AI点名小魔盒：提升课堂管理效率

粉笔灰在阳光下轻轻飘落，当老师准备叫学生回答问题时，教室里总有一些缩成小小一团的身影……今天，我们一起来用 Cursor 开发一款"AI 点名小魔盒"系统，让每次提问对孩子们来说都像打开神秘礼物盒一样充满惊喜——只需要简单设置，系统就会用公平的随机算法，让每个学生都有机会被叫到名字。这样让学生既避免了"总被点名"的焦虑，也减少了"无人问津"的遗憾，这个系统是不是很棒？现在我们开始创造这个"AI 点名小魔盒"吧！

5.1.1 秒做一个科技感十足的点名系统（V1.0）

创建一个新的文件夹"AI 点名小魔盒"，然后通过 Cursor 打开该文件夹。

以下是我们给 Cursor 发送的信息（提示词）：

你是一名资深的软件开发工程师，请用 HTML、CSS、JavaScript 开发一款点名系统，要求系统名称为"AI 点名小魔盒"，界面整体有现代科技感。

接下来，我们可以泡上一杯咖啡，等待 Cursor 完成任务。

Cursor 按照上述提示词完成任务（生成点名系统）后，我们运行 Cursor 生成的 index.html 文件（点名系统文件），效果如图 5-1 所示。

我们在"AI 点名小魔盒"系统的左侧输入学生名单后，在右侧单击"开始点名"，此时"AI 点名小魔盒"系统会随机弹出某位学生的名字，但系统不会自动停止点名，需要用户手动单击"停止点名"按钮，系统最后才能确认被选中的学生名（见图 5-2）。这一流程显然不够智能，我们将在下一版本中改进。

当有学生被点名时，系统界面会突然欢快地"炸开"一串彩虹礼花，体现仪式感。

图 5-1

图 5-2

5.1.2　自动点名与历史记录保存，让教学管理更高效（V2.0）

在 V1.0 版本的"AI 点名小魔盒"中，我们每次都要手动单击"停止点名"按钮，系统才会停止点名。为何不给系统添加一个随机点名倒计时功能，让系统经过特定时间后自动停止点名呢？

下面是我们让 Cursor 实现此功能的提示词。

新增自动点名模式：

■ 启动点名功能后，屏幕显示时长 3 秒的动画；

■ 锁定某个学生时播放"叮"的音效；

■ 历史记录自动保存为 CSV 文件。

稍等片刻，Cursor 就能按照上述提示词为系统增加新功能。我们运行 Cursor 新生成的 index.html 文件（点名系统文件），出现如图 5-3 所示的界面，勾选界面左侧的"自动点名模式（3 秒）"项，在界面右侧单击"开始点名"按钮后，系统将在 3 秒后自动停止点名并确定本次被点名的学生。

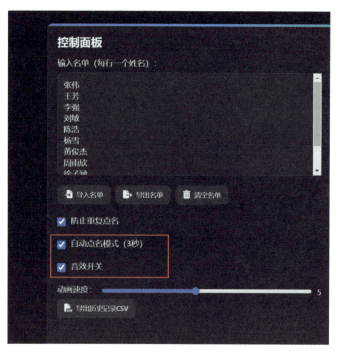

图 5-3

5.2 AI数字迷宫：激发学生学习乐趣

在现代化智慧教室中，电子白板突然呈现出动态的彩虹波纹效果，成功吸引了全体学生的注意。

"同学们，今天我们采用新型沉浸式教学模式。"黄老师解释道，"屏幕上显示的这个数字迷宫中的每个关卡都设置了需要运用数学知识解决的交互式问题。"

当 AI 教学系统生成首个挑战题目时，以往对数学存在畏难情绪的学生小张突然主动请缨道："老师，我尝试用乘法口诀来解决这个问题！"在正确输入答案后，系统即时给予视觉反馈，钻石造型的虚拟门缓缓开启。

5.2.1　数学闯关，让解题过程充满乐趣（V1.0）

以下是我们给 Cursor 发送的提示词：

你是一名资深的软件开发工程师，请为我们开发一款数字迷宫系统，具体要求如下。

（1）系统名称："AI 数字迷宫"。

（2）要求系统界面整体有现代科技感。

（3）穿越数字迷宫时，每经过一个关口就需要回答一道 1～10 加减乘除的数学题，答对则可以继续前进到下一个关口。

（4）统计最终闯关成功所消耗的时间，单位为秒。

（5）采用 HTML+CSS+JavaScript 技术栈。

Cursor 根据我们给出的提示词，很快完成了数字迷宫系统，我们运行数字迷宫系统，效果如图 5-4 所示。

图 5-4

图 5-4（续）

程序运行后，我们发现系统的闯关界面加载后，数学题没有出现在界面中，界面中也没有任何引导信息，所以，我们需要给 Cursor "反馈"这个问题，让它检查程序并进行修复。

以下是我们给 Cursor 发送的提示词：

进入闯关界面之后，界面中并没有出现数学题，也没有任何引导信息。

Cursor 收到指令（提示词）后，开始修复生成的程序，如图 5-5 所示。

3 分钟后，Cursor 修好了程序中的 Bug。

我们运行 Cursor 修改后的程序，如图 5-6 所示，这一次界面中出现了数学题并让我们作答，同时系统还能精准判断答案对错。

图 5-5

图 5-6

图 5-6（续）

可是我们高兴得太早了！系统居然会"无限循环"！明明我们答完最后一题后，系统就该计算总分了，它却一直自动给出新题目！

我们把问题"甩给"Cursor 后，Cursor 很快对程序进行了修复，如图 5-7 所示。

我们检查经过 Cursor 修复后的程序，发现程序中的问题还没有解决！

这个时候，我们就需要进一步分析问题出在哪里了。

知识点：在使用浏览器运行程序时，通过按 F12 键可以查看程序的执行细节，如果程序内部出错，也可以在控制台看到相关的报错信息。

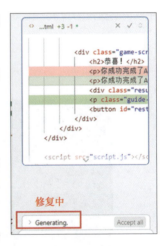

图 5-7

所以，我们按 F12 键来查看程序的执行细节，控制台显示的相关信息如图 5-8 所示。

𝕀𝕜 ⎘ 元素 记录器 **控制台** 源代码/来源 性能数据分析 ⚡ 性能
⫿ ⃠ top ▼ 👁 ▼ 过滤
游戏加载完成，等待用户开始游戏
移动到路径位置：1/7
移动到路径位置：2/7
移动到路径位置：3/7
移动到路径位置：4/7
移动到路径位置：5/7
移动到路径位置：6/7
移动到路径位置：7/7
完成关卡，当前关卡：2
移动到路径位置：1/5
> ∣

图 5-8

"破案"了！程序中的语法没问题，问题是我们和 Cursor 对"关口"这个词的理解不一样。

我们说的"闯关口"是指连续做特定数量的数学题，Cursor 却把它当成了游戏里无限循环的副本，所以，程序不停地给出新的数学题！

现在我们得给 Cursor"补补课"！我们截屏控制台的输出记录，并把记录保存为一个图文件，在 Cursor 聊天窗口上按"Ctrl+V"快捷键，把保存的图文件"交给"Cursor，并在 Cursor 对话框中输入"不需要有多个关卡，闯一个关卡就可以"，用以说明真正的需求（见图 5-9）。

图 5-9

这次，Cursor 终于将程序修复好了，我们运行 Cursor 修复好的程序，并做了一些数学题，如图 5-10 所示。

图 5-10

注意：想让 Cursor"秒懂"你的需求，要写清晰你的需求，这样 Cursor 才能给出好的结果。

5.2.2 增加前进特效，提升沉浸体验（V2.0）

目前在我们闯关的过程中，程序只是持续给出题目，我们并没有看到每次解题成功后，我们在迷宫里是怎么前进的。

我们将上面的内容作为提示词发给 Cursor，Cursor 对程序进行修复后，我们运行程序就可以看到整体效果了，图 5-11 所示为某一次闯关时的效果。

图 5-11

5.2.3　自定义挑战题目数量，确保公平竞争（V3.0）

为了平衡答题难度，让答题更公平，参与者每次闯关需要回答的题目数量可以自定义。

我们将上面的需求作为提示词发给 Cursor，Cursor 对 5.2.2 小节修复后的程序进行修改，我们运行修改后的程序就可以看到效果了，如图 5-12 所示。

图 5-12

5.2.4　视觉升级，优化界面色彩搭配（V4.0）

目前，我们觉得本系统的界面的色彩搭配不好看，需要让界面的颜色搭配更合理。

我们将上面的需求作为提示词发给 Cursor，Cursor 对 5.2.3 小节修改后的程序进行完善，我们运行完善后的程序就可以看到效果了，如图 5-13 所示。

图 5-13

5.3 两步制作唯美时间线图

如果班里的学生都是"科技迷"，作为教师的你想给学生讲一讲国内 AI 大模型是如何取得如今的璀璨成果的，并想用时间线图把关键的事件表示出来，那么你可以用 Cursor，只需两步就能搞定。

第一步：编写提示词。

设计一幅描绘国内 AI 大模型发展史的时间线图，该图需要具有以下特点。

1. 整体风格

■ 使用黄色（#FFD14C）作为主要主题色。

■ 采用白色背景及简洁专业的设计风格。

■ 页面顶部为黄色波浪形状的标题区域，底部带有圆弧。

2. 标题区域

■ 主标题"国内 AI 大模型"使用黑色加粗字体，居中显示。

■ 副标题"发展史回顾"使用黑色字体，字号略小。

■ 英文副标题"HISTORICAL REVIEW"使用灰色字体，字号最小。

3．时间线结构

- 中央有一条垂直的黑色直线，贯穿整个页面。

- 时间节点以圆形表示，白色背景，黄色边框，圆圈内显示年份（2023、2024、2025）。

- 黑线不要穿透年份圆圈，圆圈应覆盖在黑线上方。

- 时间点左右交替排列，内容盒子分别位于左右两侧。

4．内容盒子

- 白色背景，黄色边框，圆角矩形。

- 靠近中间线的一侧黄色边框更粗。左侧内容盒子右边框加粗，右侧内容盒子左边框加粗。

- 每个盒子顶部有黄色背景的小标签，显示"里程碑×.0"。

- 内容包括标题（加粗）和详细描述（灰色文字）。

5．内容填充

- 2023："大模型商业化元年"。文心一言、通义千问、讯飞星火等多个国内大模型公开发布并开始商业化，标志着国内 AI 大模型产业蓬勃发展。

- 2024："多模态大模型崛起"。文心大模型 4.0 Turbo、通义千问 2.5、讯飞星火 3.5 等先进大模型发布，具备强大的内容创作能力。

- 2025："大模型开源兴起"。DeepSeek 引发国内外热评。

6．响应式设计

- 确保在不同尺寸的屏幕上都能良好显示。

- 在移动设备上自动调整为垂直布局。

7．互动效果

- 内容盒子有轻微的悬停动画效果。

- 页面滚动时，内容元素有渐入动画。

第二步：把上述提示词提交给 Cursor，由 Cursor 生成时间线图。

效果如图 5-14 所示。

图 5-14

5.4　阶段总结：探索AI教育的新可能

当 AI 与教育相遇，我们给 AI 的每一行指令都能点亮一盏智慧的灯。用新技术革新教育，不能一味等待"完美方案"的出现，此刻，你使用的 Cursor 不仅是工具，更是将你的教育思想转化为现实的"魔法杖"。

别让好想法停留在脑海里，现在就打开 Cursor，让技术与教育的初心碰撞出火花。你的下一个创意，也许就是学生眼中最酷的课堂记忆。行动起来，让教学创新从"可能"变成"正在发生"！

第6章

从招牌到文案，AI 一键生成小店爆款视觉

在电商平台构建的数字商业生态中，如何让你的店铺脱颖而出？借助 Cursor 进行智能设计，你无需专业设计技能或复杂软件操作，只需输入品牌理念与核心诉求，AI 即可将抽象的商业构想转化为极具吸引力的视觉表达，让每个设计元素都精准传递品牌价值，在数字洪流中捕获目标消费者的注意力。

现在，让我们共同开启这场智能视觉升级之旅，用 AI 技术为商业梦想注入视觉生命力，在竞争激烈的电商市场中赢得先机。

6.1 用AI打造吸睛招牌，让顾客一眼记住你

在数字洪流中，顾客眼前每秒可以闪过 3 ～ 6 张图片，店铺的招牌如何在短时间内抓住顾客的目光，把匆匆一瞥变成念念不忘？ Cursor 可以帮助我们完成这个任务，具体实现步骤如下。

第一步：我们给 Cursor 发送的信息如下（提示词）。

设计一个富有美感和现代风格的餐厅门店招牌的图片，具体要求如下。

1．基本参数设置

- 尺寸：1000 像素 × 400 像素的横版招牌。

- 背景：135 度多色渐变（ #c8e6c9 到 #8bc34a 到 #4CAF50 ）。

- 整体风格：现代绿色生态风，结合自然元素和优雅设计。

- 圆角设计：12 像素圆角边框，带 1 像素白色半透明边框。

2．背景装饰元素

- 半透明 "RESTAURANT" 大型背景文字（字号为 180 像素）。

- 山形剪影装饰位于底部，呈现自然风光。

■ 白雾效果在山形之上，增添空间层次感。

■ 小鸟剪影和绿叶装饰点缀空白区域。

■ 角落用圆形光斑装饰图案。

3. 主标题设计

■ "美味餐厅" 4 个汉字采用圆形包围设计。

■ 每个圆形直径为 90 像素，采用白色背景。

■ 文字颜色为深绿色（#2E7D32），字号为 60 像素。

■ 为每个字符添加错开时间的轻微浮动动画。

■ 圆形内部添加高光效果增强质感。

4. 副标题设计

■ 中文副标题 "（正宗美味 自然新鲜）"，白色文字带阴影。

■ 副标题下方添加装饰分隔线。

■ 副标题区域整体添加淡入上升动画。

5. 食物图标展示

■ 右侧区域放置 3 个食物图标：汉堡、比萨、蛋糕。

■ 每个图标使用白色圆形背景。

■ 图标周围添加虚线圆环装饰，带旋转动画。

■ 食物图标分别放置在上中下部分的不同位置上，分别添加摆动动画。

■ 悬停时显示食物名称标签，带渐变背景。

6. 导出功能设计

■ 页面底部添加 "导出为图片" 按钮。

■ 按钮采用渐变绿色背景，圆角设计。

■ 添加按钮悬停特效，包括上浮和光效扫过。

- 使用 html2canvas 库实现图片导出功能。

- 导出图片后，显示预览图。

7. 视觉特效

- 多处使用微妙的动画效果增强视觉吸引力。

- 合理使用光影效果塑造层次感和立体感。

- 所有装饰元素不影响主体内容的清晰度。

- 整体色彩搭配和谐统一，以绿色为主题。

- 交互元素清晰，提升用户体验。

第二步：Cursor 根据我们的指令（提示词）完成招牌设计后，会生成对应的 html 文件，双击该 html 文件即可查看效果，导出的图片如图 6-1 所示。后续案例均以相同方式生成 html 文件，不再赘述。

图 6-1

若对设计不满意，只需向 Cursor 下达新指令（提示词），Cursor 即可重新设计招牌。

6.2 用AI设计诱人菜单，激发顾客食欲

在竞争激烈的餐饮市场中，一份出色的菜单不仅能传递菜品信息，更能激发顾客的食欲和购买欲望。色彩搭配、排版布局、图片选择，每一个细节都至关重要。色彩可以

唤起情感，布局可以引导视线，而高质量的美食图片则能让人垂涎三尺。

现在，让我们一起看看如何借助 Cursor 设计一款既美观又实用的菜单，让顾客在看到的瞬间，就被深深吸引，迫不及待地想要品尝每一道美食。

第一步：我们给 Cursor 发送的信息（提示词）如下。

设计一款精美的餐厅菜单，具体要求如下。

1. 基本参数

■ 尺寸：600 像素 ×900 像素。

■ 背景颜色：浅米色（#f9f9f5）。

■ 主题色：绿色（#4D7942）。

■ 整体布局：上中下三段式结构。

2. 顶部标题区域

■ 大标题"美味菜单"，字体大小为 42 像素，绿色粗体，有一定的字间距。

■ 英文副标题"Delicious Menu"，字体大小为 24 像素，绿色细体。

■ 中文副标题"享用巧手烹饪的美食佳肴"，字体大小为 18 像素，灰色。

■ 两侧有装饰性绿色横线。

3. 餐盘展示区域

■ 两个并排的圆形餐盘，每个直径为 220 像素，白色底色，粗绿色边框。

■ 左侧餐盘展示烤地瓜，地瓜是椭圆形，带有纹理和光泽效果。

■ 右侧餐盘展示大薯条，竖排金黄色薯条。

■ 每个餐盘底部附有绿色标签，标明菜品名称和价格。

4. 菜单主体区域

■ 白色背景，绿色边框，圆角矩形。

■ 分为两个部分：主食系列和小吃系列。

■ 每个部分有绿色标题栏，分别标明中英文系列名称。

■ 菜品名称和价格以点线连接。

（1）主食系列包含：

■ 烤地瓜 ¥15；

■ 黑椒烤羊排 ¥88；

■ 意式烩饭 ¥45。

（2）小吃系列包含：

■ 酸辣土豆丝 ¥18；

■ 大薯条 ¥16。

5．底部信息区域

■ 联系电话：0755-8888***。

■ 地址：广东省深圳市福田区金融大厦。

■ 右侧有简易二维码图形。

6．功能性元素

■ 页面底部有"导出为图片"按钮，按钮为绿色背景、白色文字。

■ 使用 html2canvas 库实现图片导出功能。

■ 自动显示预览图。

7．视觉风格

■ 版式整洁大方，注重对称和留白。

■ 使用 CSS 实现所有图形效果，包括餐盘中的食物造型。

■ 适当使用阴影和边框增强立体感。

■ 字体统一使用微软雅黑、黑体或思源黑体。

■ 绿色主题体现自然健康的餐饮理念。

第二步：Cursor 根据我们的指令（提示词），完成了菜单的设计，导出的图片效果如图 6-2 所示。

图 6-2

6.3　AI 定制专属名片，留下深刻印象

我们递给顾客的名片，由于保管不便，可能会被顾客丢弃。

为了让顾客保存好名片，现在，我们把名片变成顾客的"收藏品"。

下面我们借助 Cursor 设计专属名片，具体步骤如下。

第一步：我们给 Cursor 发送的信息如下（提示词）。

设计一张现代感强、富有美感的餐厅名片，具体设计需求如下。

1. 基本参数

■　尺寸：标准名片尺寸，采用横版设计，宽高比约为 85:50。

- 主色调：绿色系（#66BB6A，#4CAF50，#388E3C）为主，黄色（#FFC107，#FFEB3B）为辅。

- 设计风格：现代简约、精致、具有 3D 视觉效果。

- 整体布局：左侧为文字内容区（占 55%），右侧为装饰图形区（占 45%）。

2. 名片基础设计

- 白色为主的背景（#ffffff 到 #f9f9f9），具有纯净质感。

- 顶部添加绿色渐变装饰条，展现品牌特性。

- 大圆角（16 像素）设计，塑造立体感。

- 四角添加装饰性边角，边角悬停时微微扩大，增加交互感。

- 内部添加淡绿色虚线边框，营造精致框架感。

- 背景散布一些半透明绿色圆点，增加细节的质感。

3. 品牌标识区设计

- 主标题"美味一刻"使用绿色文字，大小为 38 像素，配合黄色装饰线。

- 副标题"小资精品美食"使用灰色文字，文字左侧添加亮绿色装饰条。

- 品牌名称"米其林大厨"使用深灰色文字，文字下方添加较细的渐变下画线。

- 品牌标识区整体留白合理，字体大小与间距协调，确保视觉上舒适。

4. 联系信息区设计

- 三项联系信息：电话、邮箱、地址。

- 每项前配绿色圆形图标，内含白色 SVG 图标。

- 文字大小为 14 像素，保证清晰可读。

- 名片悬停时文字微微右移并变色，增强交互体验。

- 采用文本溢出控制，确保长文本显示美观。

5. 装饰图形区设计

■ 右侧区域设置多个与食物相关的几何图形组合。

■ 元素包括：咖啡杯（带蒸汽动画）、蛋糕（带浮动装饰）、黄色三角形和圆环。

■ 所有图形采用 CSS 3D 变换，创造空间深度感。

■ 名片悬停时各图形组合微微倾斜，特定元素有独立的上浮或旋转效果。

■ 图形采用渐变填充和精细阴影，增强立体质感。

6. 交互与动效设计

■ 名片悬停时微微上浮。

■ 装饰图形区扩大。

■ 咖啡杯添加蒸汽上升动画。

■ 蛋糕顶部装饰有序上下浮动。

■ 联系信息有平滑移动和变色效果。

7. 导出功能

■ 页面底部设置"导出为图片"按钮。

■ 按钮采用绿色渐变背景，大圆角设计。

■ 名片悬停时按钮上浮并出现光效扫过动画。

■ 使用 html2canvas 库实现图片导出。

■ 包含临时样式调整代码，确保渐变文字在导出时正确显示。

■ 导出后显示预览图。

8. 响应式与优化

■ 所有尺寸采用相对单位，确保在不同设备上显示一致。

■ 文字区域设置溢出控制，防止长文本破坏布局。

■ 装饰图形区具有微小放大效果，提升用户体验。

■ 整体设计保持轻量化，确保高效渲染。

第二步：Cursor 根据我们的指令（提示词），完成了名片的设计，导出的图片效果如图 6-3 所示。

图 6-3

6.4　用AI设计创意海报，引爆店铺流量

你的店铺海报能否成为撬动流量的"视觉进行曲"？

优秀的设计是传播的起点！好的海报能化身"流量吸铁石"，让路过的人忍不住"打卡"和拍照，并在朋友圈主动分享，从而掀起裂变式传播。

现在，我们用 Cursor 设计一幅撬动流量的海报，具体步骤如下。

第一步：我们给 Cursor 发送的信息（提示词）如下。

设计一款现代风格的餐厅美食宣传海报（HTML 页面），海报具有以下特点。

1．基本参数

■ 尺寸：400 像素 ×800 像素。

■ 白色背景。

■ 响应式设计，在不同设备上保持良好显示效果。

2．整体视觉风格

■ 简洁现代的设计风格。

■ 鲜明的色彩对比：蓝色和绿色作为主色调。

- 版面干净，突出重点信息。

- 多层次的视觉元素，有深度感。

3. 海报结构

- 标题区：品牌名称"海月坊"，英文表述"HAIYUE FANG TEKAN"。

- 菜品展示区：展示两款菜品，分别是"五常大米饭"（¥1）和"虾蟹海鲜煲"（¥188）。

- 联系信息区：电话（0755-88888***）和地址（广东省深圳市福田区金融科技大厦）。

4. 视觉元素

- 标题区的排版使用曲线装饰。

- 菜品使用圆形色块背景和emoji图标代替真实图片。

- 为每个菜品添加"新品"标签和价格标签。

- 添加浮动圆点、星星和斜线等装饰元素，以增加活力。

- 背景使用半透明几何形状创造层次感。

5. 特殊效果

- 为装饰元素添加简单动画，如浮动效果。

- 轻微的阴影和高光效果增强立体感。

- 联系信息区使用圆点前缀，增强可读性。

6. 交互功能

- 添加"导出为图片"按钮，允许用户将海报保存为png格式的图片。

- 使用html2canvas库实现图片导出功能。

- 导出时显示加载提示和预览图。

7. 技术实现

- 用HTML和CSS实现所有视觉效果，不依赖外部图片。

■ 使用 Flexbox 布局保证各元素正确排列。

■ 使用 CSS 变量管理海报的颜色和尺寸，便于修改。

第二步：Cursor 基于上述提示词生成海报，导出的图片效果如图 6-4 所示。

图 6-4

6.5 AI助你撰写小红书文案

当小红书的"瀑布流"以每秒 500 条笔记的汹涌之势奔腾而过时，你精心设计的菜品图是否正无声地沉没在这无尽的信息洪流之中？唯有让视觉元素与文案达成"完美共振"，才能在顾客浏览的瞬间，让顾客的目光情不自禁地停顿下来。

下面我们借助 Cursor 生成小红书的爆款文案。

第一步：我们给 Cursor 发送的信息如下（提示词）。

请设计一篇小红书风格的探店文案，主题是"夏日美食餐厅"。参考如下要求。

1．内容风格

■ 主题为夏日美食餐厅探店。

■ 文案风格要活泼、亲切，带有 emoji 表情。

■ 整体风格清新、有青春感，适合小红书平台。

2．文案包含的内容

■ 吸引人的标题。

■ 简短的引言，介绍发现这家店的时机。

■ 店铺（餐厅）基本介绍，包括特色和环境。

■ 推荐的特色菜品（至少 3 种）及简短描述。

■ 店铺亮点，以数字序号列出（至少 2 点）。

■ 价格范围和性价比评价。

■ 营业时间等实用信息。

■ 结尾互动问候，引导读者评论。

■ 10～15 个相关话题标签，以 # 开头。

3．文案特点

■ 使用大量 emoji 表情点缀文字。

■ 适当使用排版符号，增强可读性。

■ 多用感叹号和修饰词表达惊喜与推荐。

■ 字数控制在 400 字左右，简洁有力。

■ 文案要有亲和力。

4．内容参考

■ 店名定为"美食餐厅"。

■ 主打传统与创新结合的水果糖水。

- 特色为煎牛排、煎羊排、芒果双拼等。

- 环境清新，有独立小院子。

- 甜点价格在 20 ～ 35 元 / 份。

- 可根据客人喜好定制组合。

请根据以上要求，创作一篇生动有趣、吸引读者的小红书美食探店文案。

第二步：Cursor 根据上述提示词生成如下文案。

夏日限定！藏在城市角落的治愈系美食餐厅

我今天偶然路过这家"美食餐厅"，被门口飘来的香气吸引，一时兴起就进去啦！没想到竟然发现了一家宝藏店铺。

这家店名字朴实无华，环境也超级有格调！绿植环绕，还有一个小院子 🌱 阳光透过树叶洒下来，坐在那里吃饭简直太享受了。

💡 必点美食推荐

- 招牌煎牛排：牛排外焦里嫩，搭配的黑椒汁超香！肉质鲜嫩多汁。

- 香煎羊排：香料腌制入味，羊排一点膻味都没有，连我这种挑食的人都能接受。

- 芒果双拼甜品：冰冰凉凉的芒果布丁配上新鲜芒果肉，很好吃。

✿ 餐厅亮点

①每天食材新鲜配送，主厨有 15 年的经验，菜品质量高。

②环境很好，就餐的位置有室内和小院子两种选择。

③可按个人口味定制套餐组合，服务很贴心。

④每周都有新品，常来常新！

⑤人均消费：88 ～ 128 元，量足味美，性价比超高！

⑥营业时间：11：00—22：00，全年无休。

这家店出品的食物真的让我从味蕾到心灵都得到了满足，如炎炎夏日里的一抹清凉！强烈推荐给大家。

　　＃夏日美食 ＃城市探店 ＃美食推荐 ＃周末好去处 ＃约会好地 ＃牛排推荐 ＃小众餐厅 ＃治愈系美食 ＃网红打卡 ＃芒果甜品 ＃情侣必去 ＃美食分享 ＃夏日限定 ＃小资生活 ＃舌尖上的美食

　　问一下，你们最喜欢哪种风格的餐厅呢？是文艺小资还是复古怀旧风格的？留言告诉我吧。

　　第三步：精选店铺实拍图片后，把文案和图片整合，即可在小红书平台发布内容（见图6-5）。

图6-5（局部）

第 7 章

AI 智能数据分析：让图表说话

当我们将空调销售的数字绘成一条灵动的曲线，将广告渠道的效果勾勒成一张精妙的雷达图时，数据便不再是一串串冰冷的数字——它们化作业务前行的导航仪，精准指引方向。在这一章中，我们暂且抛开复杂的数据推演，以可视化的方式锚定经营成果，从 3 个方向照亮业务前行的航道。

- 追踪市场脉搏：从空调销售额的"增长曲线"，到产品线的"竞争力图谱"，精准洞察市场的每一次"跳动"，清晰勾勒出"战场"的地形地貌。

- 校准财务坐标：借助"成本透视镜"，精准追踪资源流向；以"净利润三级跳"为尺，精准丈量自己在行业中的地位，确保财务健康稳健。

- 激活增长引擎：通过广告渠道的"多维战力评估"，精准锁定效能突破点，为增长注入强劲动力。

此刻，让我们"握紧"Cursor 这个智能工具，将深度的业务洞察转化为精准的行动坐标，开启新征程！

7.1 AI赋能市场销售模块：动态追踪与结构洞察

本节将聚焦于市场销售模块，帮助我们通过动态追踪和结构洞察，全面了解销售趋势和产品竞争力。我们将从空调销售增长曲线和产品线竞争力图谱两个维度出发，解析 2024 年的市场表现。

7.1.1 空调销售增长曲线：月度战绩解码

第一步：获取 2024 年度每月空调销售额数据（见图 7-1）。

第二步：编写发给 Cursor 的提示词，提示词中带有上述数据，具体的提示词如下。

请生成白色背景的科技感折线图，图中包含以下要素。

	A	B
	月份	销售额（万元）
	1月	8200
	2月	4500
	3月	11000
	4月	15800
	5月	23500
	6月	34200
	7月	38500
	8月	36800
	9月	28700
	10月	21400
	11月	42800
	12月	30500

图 7-1

1. 标题

主标题："空调销售增长曲线：2024年月度战绩解码"（#2E75B6，加粗，20pt）。

副标题："从1月寒冬突围到11月显著战绩，解码市场攻防节奏"（#666666，斜体，14pt）。

注：pt是Point（点）的缩写，常用作衡量字号、行距等排版参数的单位。

2. 坐标轴设置

■ X轴：1～12月（中文标签，倾斜30度防重叠）。

■ Y轴：销售额（单位：万元），范围为0～50000，间隔为5000。

■ 双轴特效：添加动态粒子流沿折线移动。

3. 数据可视化设计

■ 主折线：#2E75B6（企业蓝），3pt，宽带光晕效果。

■ 关键节点。

　● 2月低谷：红色警戒波纹（标注"春节战略收缩"）。

　● 6月突破：金色爆发光效（标注"'618'首战告捷"）。

　● 11月峰值：立体爆炸图标（标注"'双十一'4.28亿"）。

■ 趋势线：添加金色虚线作为预测线（2025增长通道）。

4. 交互功能

■ 悬停显示：精确数值＋当月市场事件（如"7月：极端高温'助攻'"）。

■ 动画效果：粒子流从1月至12月顺序点亮数据点。

■ 图例：图例悬浮在右上角。

5. 数据映射

　[月份，销售额]

　[1,8200]

　[2,4500]

[3,11000]

[4,15800]

[5,23500]

[6,34200]

[7,38500]

[8,36800]

[9,28700]

[10,21400]

[11,42800]

[12,30500]

6. 输出规格

■ 尺寸：1200 像素 ×800 像素。

■ 格式：.svg（矢量图）+.png（高清图）。

第三步：Cursor 根据上述提示词生成 html 格式的网页文件，我们打开 Cursor 生成的 html 格式的文件，效果如图 7-2 所示。

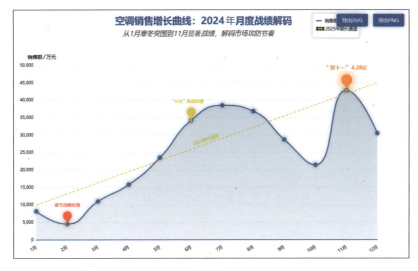

图 7-2

特别说明：当需要处理的数据量较大，不便直接写入提示词时，可以采用更高效的方式——先将数据保存为 CSV 格式文件，随后在与 Cursor 交互时，只需将 CSV 格式文件拖入对话窗口，或在对话框中输入 @，自动关联 CSV 格式文件，并附上提示词"请结合我上传的 CSV 格式文件中的数据"（见图 7-3）。这种方式更高效、直观，也便于操作。在后续相关案例中，读者可根据实际需求和个人习惯灵活选用。

图 7-3

7.1.2 产品线竞争力图谱：季度销售额结构拆解

第一步：获取 2024 年度各季度不同产品线销售额占比数据（见图 7-4）。

	A	B	C	D
1	季度	空调占比	冰箱占比	洗衣机占比
2	Q1	40%	30%	30%
3	Q2	50%	25%	25%
4	Q3	60%	20%	20%
5	Q4	45%	30%	25%
6				

图 7-4

第二步：编写发送给 Cursor 的提示词。

请生成白色背景的百分比堆叠柱状图，图中包含以下核心要素。

1. 标题

主标题："产品线竞争力图谱：2024 年季度销售额结构拆解"（#2E75B6，加粗，20pt）。

动态副标题："当销售额变成拼图游戏"（灰色，斜体，12pt）。

2. 坐标系设置

■ X 轴：4 个季度标签（Q1～Q4）使用立体凸起设计。

■ Y 轴：百分比刻度（0～100%）。

■ 双轴标题：X 轴"销售季度"（14pt，深灰），Y 轴"品类占比"（14pt，深灰）。

3．拼图式数据柱

■ 空调：#2E75B6（深海蓝）带金属拉丝纹理。

■ 冰箱：#8EBF4D（翡翠绿）马赛克拼接质感。

■ 洗衣机：#FF6600（熔岩橙）立体浮雕效果。

4．交互功能

■ 悬停高亮：鼠标光标停留在数据柱上某个品类的"拼图块"上时，当前"拼图块"会与数据柱分离，并放大 20%。

■ 动态注释：单击柱体，弹出季度"战报"（示例："Q3 空调称王：60% 市场占有率碾压竞品"）。

■ 图例升级：3D 旋转图例悬浮在右侧。

5．数据映射

[季度，空调占比，冰箱占比，洗衣机占比]

[Q1,40%,30%,30%]

[Q2,50%,25%,25%]

[Q3,60%,20%,20%]

[Q4,45%,30%,25%]

6．输出规格

■ 输出尺寸：1920 像素 ×1080 像素（高清展示）。

■ 导出格式：.svg（矢量图）+.png（高清图）。

（请先输出动画演示拼图组合逻辑，确认后渲染最终效果。）

第三步：Cursor 根据上述提示词生成 html 格式文件，我们打开 Cursor 生成的 html 格式文件，效果如图 7-5 所示。

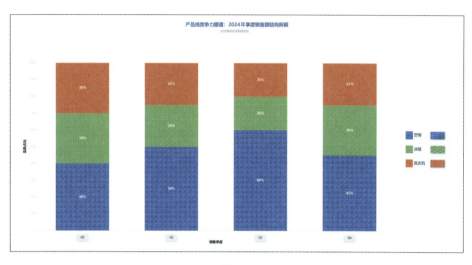

图 7-5

7.2　AI助力财务模块：成本效益与行业对标

在财务管理中，有效控制成本和提升效益是企业持续发展的关键。通过成本控制透视和净利润分析，我们可全面掌握 2024 年的资源投入和产出情况，并明确企业在行业中的定位。

7.2.1　成本控制透视：年度资源投入全景图

第一步：获取 2024 年度各类资源投入占比数据（见图 7-6）。

	A	B	C	D	E
1	月份	人力成本占比	原材料占比	营销费用占比	其他占比
2	1月	45%	30%	15%	10%
3	2月	46%	28%	14%	12%
4	3月	44%	31%	16%	9%
5	4月	47%	29%	13%	11%
6	5月	43%	32%	14%	11%
7	6月	45%	30%	15%	10%
8	7月	46%	29%	14%	11%
9	8月	44%	30%	16%	10%
10	9月	45%	31%	13%	11%
11	10月	47%	28%	14%	11%
12	11月	43%	30%	16%	11%
13	12月	45%	30%	15%	10%

图 7-6

第二步：编写发送给 Cursor 的提示词，具体提示词如下所示。

请生成一张白色背景的堆叠面积图，要求包含以下要素。

1. 标题

主标题："2024 年度资源投入全景图"。

副标题："成本控制透视：月度资源分配趋势分析"。

字号：主标题 18pt 加粗，副标题 14pt。

2. 坐标轴设置

■ X 轴：1 ～ 12 月（倾斜 45 度防重叠）。

■ Y 轴：0 ～ 100%，间隔为 5%。

■ 双轴标题：X 轴为"月份"（14pt），Y 轴为"成本占比"（14pt）。

3. 数据序列设置（使用企业级配色方案）

■ 人力成本：#2E75B6（深蓝）。

■ 原材料：#8EBF4D（生态绿）。

■ 营销费用：#FF6600（活力橙）。

■ 其他：#A5A5A5（高级灰）。

4. 交互功能

■ 添加悬浮提示框（显示具体月份各类资源投入的精确百分比）。

■ 在图表右侧添加图例。

■ 添加趋势辅助线（显示总成本为 100% 的基准线）。

5. 数据映射（对应表格数据）

[月份, 人力成本占比, 原材料占比, 营销费用占比, 其他占比]

[1 月, 45, 30, 15, 10]

[2 月, 46, 28, 14, 12]

（完整数据略）

[12 月 ,45,30, 15,10]

6．输出规格

■ 输出尺寸：1920 像素 ×1080 像素（高清展示）。

■ 导出格式：.svg（矢量图）+.png（高清图）。

第三步：Cursor 根据上述提示词生成 html 格式文件，我们打开 Cursor 生成的 html 格式文件，效果如图 7-7 所示。

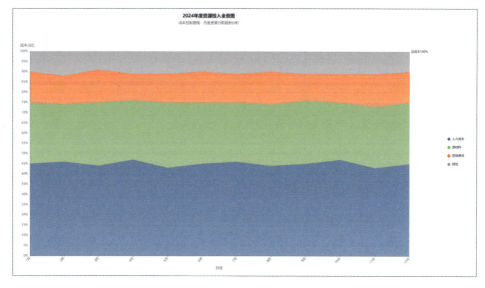

图 7-7

7.2.2 净利润三级跳：从自我比较到行业卡位

第一步：获取 2022—2024 年净利润对比数据（见图 7-8）。

	A	B	C	D
1	年份	净利润（亿元）	行业平均（亿元）	竞品A（亿元）
2	2022	8.5	7.2	9.1
3	2023	10.2	8.5	11.3
4	2024	12.8	9.8	13.5

图 7-8

第二步：编写发送给 Cursor 的提示词，具体提示词如下。

请生成白色背景的分组柱状图，包含以下要素。

1．标题

主标题：“净利润三级跳：从自我比较到行业卡位”。

副标题：“近三年核心财务指标对比分析 | 2022—2024”。

字号：主标题18pt、加粗，副标题12pt、灰色。

2．坐标轴设置

■　X轴：年份（2022、2023、2024），标签14pt、加粗。

■　Y轴：净利润（单位：亿元），范围为0～15，刻度间隔为2。

■　轴标题：X轴为“会计年度/年”（14pt），Y轴为“净利润/亿元”（14pt）。

3．数据系列

■　公司自身：#2E75B6（深蓝）。

■　行业平均：#A5A5A5（中性灰）。

■　竞品A：#FF6600（活力橙）。

每组并列3个柱形，宽度占比80%。

4．增强功能

■　柱顶添加数据标签（黑字，10pt）。

■　右侧悬浮图例。

■　竞品A柱体带纹理斜线。

5．数据映射

[年份，自身净利润，行业平均净利润，竞品A净利润]

[2022, 8.5, 7.2, 9.1]

[2023, 10.2, 8.5, 11.3]

[2024, 12.8, 9.8, 13.5]

6. 输出规格

■ 尺寸：1200 像素 ×800 像素。

■ 格式：.svg（矢量图）+.png（高清图）。

（请先输出缩略图，确认配色布局，再生成正式文件。）

第三步：Cursor 根据上述提示词生成 html 格式文件，我们打开 Cursor 生成的 html 格式文件，效果如图 7-9 所示。

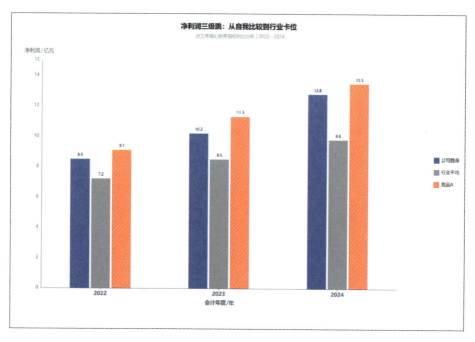

图 7-9

7.3 AI助力市场营销模块：广告渠道多维战力评估

在激烈的市场竞争中，精准评估广告渠道的转化效果至关重要，具体操作步骤如下所示。

第一步：获取 2024 年度广告渠道转化效果数据（见图 7-10）。

◢	A	B	C	D
1	渠道	曝光量（万次）	点击率	转化率
2	搜索引擎	90	5%	2%
3	社交媒体	80	8%	3%
4	信息流广告	75	6%	2.5%

图 7-10

第二步：编写发送给 Cursor 的提示词，具体提示词如下所示。

请生成白色背景的雷达图，包含以下要素。

1．标题

主标题："广告渠道多维战力评估"（18pt，加粗，#2E75B6）。

副标题："2024 年转化效能雷达矩阵 | 三指标对比分析"（14pt，灰色）。

2．坐标轴设置

■ 极坐标轴：曝光量（范围为 0～100 万次）、点击率（范围为 0～10%）、转化率（范围为 0～5%）。

■ 网格线：浅灰色，透明度 30%（间隔：曝光量的间隔为 20 万次，点击率的间隔为 2%，转化率的间隔为 1%）。

3．数据系列设计

■ 搜索引擎：#2E75B6（深蓝）实线。

■ 社交媒体：#FF6600（活力橙）虚线。

■ 信息流广告：#8EBF4D（生态绿）点状线。

所有数据点添加数值标签：曝光量黑字 / 百分比红字。

4．数据映射

[维度，搜索引擎，社交媒体，信息流广告]

[曝光量，90, 80, 75]

[点击率，5%, 8%, 6%]

[转化率，2%, 3%, 2.5%]

5．增强功能

■ 多边形填充：各渠道覆盖区域填充色透明度为20%。

■ 动态交互：悬停显示渠道三指标数值对比卡。

■ 重点标注：用★符号标记各维度最高值。

■ 图例排版：右上角带线型/颜色标识（字号为14pt）。

6．输出规格

■ 尺寸：1200像素×800像素。

■ 格式：.svg（矢量图）+.png（高清图）。

（请先输出草稿确认比例，再渲染最终图。）

第三步：Cursor根据上述提示词生成html格式文件，我们打开Cursor生成的html格式文件，效果如图7-11所示。

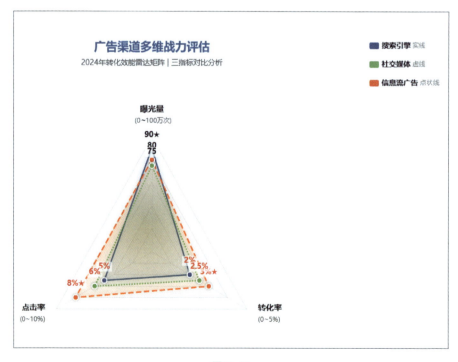

图7-11

第8章

Sealos 与 Cursor 协同：高效开发与部署云端项目

你是否也遇到过这样的困扰：辛辛苦苦开发的项目，只能在自己的计算机上运行，想让朋友或客户体验一下项目却无从下手？我们常说的"上云"，解决的就是这个问题——把项目部署到云端服务器，让全世界的客户都能体验项目！

"上云"的常规操作包括购买服务器、安装系统、上传代码、购买域名、做认证、解析域名等一系列复杂步骤，非技术人员听到这些名词就不知所措了。

别担心，我们为你准备了简化方案！

通过 Sealos 云平台，只需跟着以下步骤一步步操作，即使你对技术一窍不通，也能轻松将项目部署到云端，让全球用户随时体验你的项目！

8.1 Sealos：企业级云原生应用平台

Sealos 提供统一开发环境，能够确保开发环境、测试环境和生产环境的一致性，支持云端高性能计算，进而实现从开发到部署的全流程自动化，还能自动分配外网域名，帮助用户把应用一键部署上线（见图 8-1）。其官网地址为 https://sealos.run。

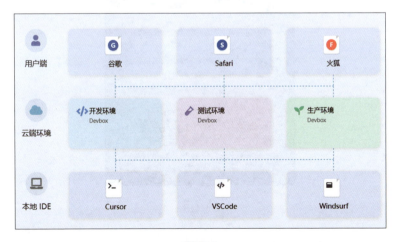

图 8-1

如果你看到前面的术语，觉得有些难以理解，别担心！先不用纠结细节，有一个初步印象即可。接下来，跟着我一步步地操作，通过实践来熟悉使用 Sealos 开发项目的流程。当你亲自动手实践后，再回头看这些概念，你会发现它们变得清晰多了。

8.2　快速注册与配置Sealos账号

快速注册与配置 Sealos 账号的具体步骤如下。

第一步：打开网址：https://sealos.run/。

第二步：单击"登录"按钮（见图 8-2）。

图 8-2

第三步：在出现的登录界面上输入手机号和验证码完成注册（见图 8-3）。

图 8-3

注册成功后，系统将自动完成登录操作。

登录成功后，你将看到 Sealos 平台提供的丰富功能，如图 8-4 所示。更贴心的是，Sealos 平台会赠送你 5 元试用金，足以让你完成本章实验，这意味着你无须额外付费即可上手实践。快去探索吧！

图 8-4

温馨提示：Sealos 平台提供的是收费服务，测试结束后未释放资源（如存储空间、CPU 等）仍可能计费，后续章节将详解释放资源方法。

8.3　为Cursor编辑器安装Vue插件

8.3.1　安装Vue插件的作用

在 Cursor 中安装 Vue 插件的主要目的是增强 Cursor 对 Vue.js 项目的开发支持，使其具备以下功能。

1. 语法高亮与代码补全

Vue 插件（如 Vetur）能识别 Vue 单文件组件（.vue 文件），提供模板、脚本和样式部分的语法高亮和代码补全功能。

2. 代码规范与格式化

通过集成 ESLint、Prettier 等插件，确保代码格式和质量符合规范。

3. 代码片段快速生成

使用 Vue 代码片段插件（如 Vue VSCode Snippets），通过快捷键快速生成 Vue 组件结构、生命周期钩子等。

4. 开发工具集成

支持 Vue Devtools 等调试工具，方便在 Cursor 中直接调试 Vue 组件。

8.3.2　安装Vue插件

安装 Vue 插件的过程如图 8-5 所示。

图 8-5

第一步：搜索 Vue 插件。

（1）打开 Cursor 的扩展商店。

（2）在搜索框中输入关键词"vue"。

第二步：安装核心 Vue 插件。

（1）在搜索结果中选中名为"Vue-Official"、下方标有"Language Support for Vue"的插件。

（2）单击插件右下角的齿轮图标，然后单击"安装"按钮完成安装。

8.4 使用DevBox快速创建标准化Vue项目

温馨提示

接下来的操作步骤较为烦琐，为了确保你能顺利完成部署，我为每一个步骤提供了截图和详细备注说明。请按照以下要求操作：

（1）仔细阅读每一步骤的文字说明，确认操作目标后再执行；

（2）对照截图核对操作路径，确保其与示例一致（如按钮位置、输入内容等）；

（3）留意关键提示（如账号信息填写、插件安装路径等），避免遗漏细节；

（4）遇到不确定的情况时，可反复查看当前步骤的截图和文字说明，或返回上一步检查。

8.4.1 在Sealos DevBox平台创建Vue工程

在 Sealos DevBox 平台创建 Vue 工程的具体步骤如下。

第一步：在 Sealos 平台上单击"DevBox"图标，如图 8-6 所示。

图 8-6

第二步：进入项目管理界面后，单击右侧的"新建项目"按钮（见图 8-7）。

DevBox
项目列表（0）
+ 新建项目
您还没有新建项目

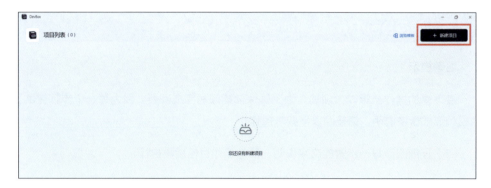

图 8-7

第三步：参考图 8-8，设置项目名称（需使用英文），输入“gomoku”（五子棋）。

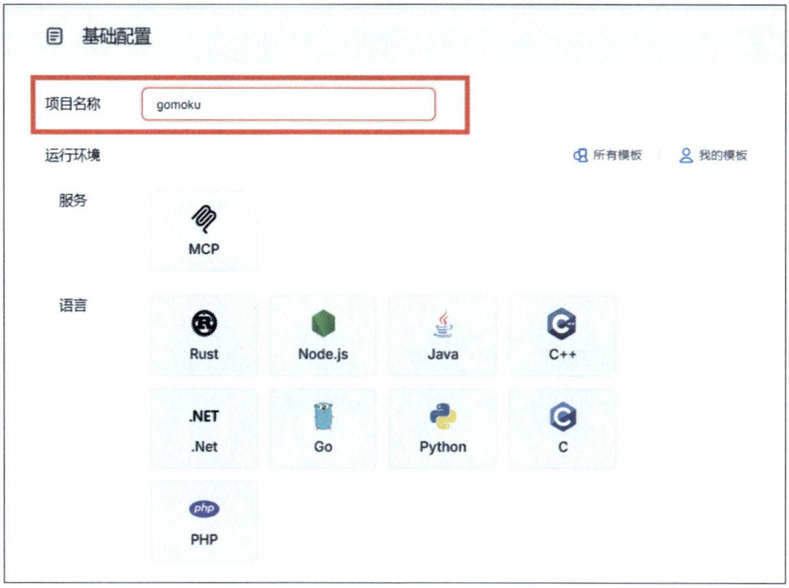

基础配置
项目名称
gomoku
运行环境
所有模板
我的模板
服务
MCP
语言
Rust
Node.js
Java
C++
.NET
.Net
Go
Python
C
php
PHP

图 8-8

第四步：选择 Vue.js 框架。由于项目完全使用前端技术开发，这里选择“Vue.js”即可，如图 8-9 所示。

第五步：配置服务器参数。选择推荐配置：1 核 CPU + 2GB 内存（见图 8-10）。

第六步：配置网络。启用“开启公网访问”项，即可通过测试域名访问应用（见图 8-11）。

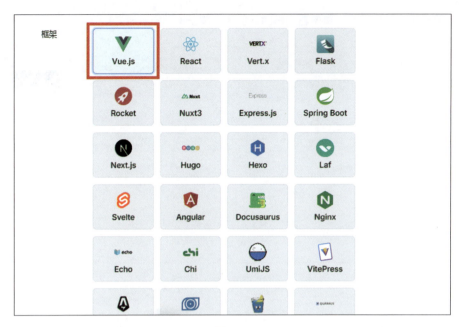

图 8-9

图 8-10

图 8-11

第七步：一切就绪，单击右上角的"创建"按钮（见图 8-12）。

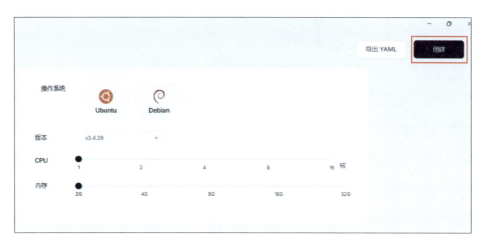

图 8-12

等待片刻，即可看到项目创建成功，状态处于"运行中"（见图 8-13）。

图 8-13

8.4.2 连接本地Cursor，实现本地开发与云端实时同步

连接本地 Cursor 的步骤如图 8-14 所示。

第一步：单击图 8-14 中标注"①"处的下拉箭头，打开下拉列表以显示可用选项。

第二步：在下拉列表中单击"Cursor"选项。

第三步：在 Sealos DevBox 平台弹出的提示框中，单击图 8-15 中红色框标注的"打开 Cursor"按钮。

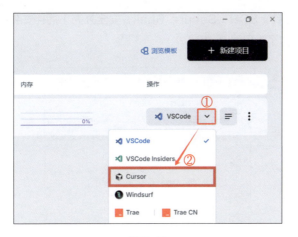

图 8-14

图 8-15

第四步：本地 Cursor 开发工具弹出"安装扩展"提示框，单击"安装扩展和打开 URI"按钮，如图 8-16 所示。

图 8-16

第五步：在本地 Cursor 开发工具弹出的提示框中，单击"安装"按钮，如图 8-17 所示。

图 8-17

稍等 2 ～ 3 分钟，SSH（Secure Shell，安全外壳）插件安装完毕，即可看到完整的 Vue 项目结构了（见图 8-18）。

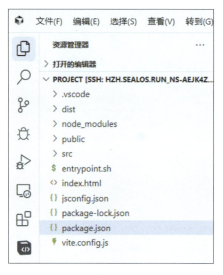

图 8-18

注意事项

当前本地 Cursor 环境中的项目与云端项目是实时同步的，这意味着：本地代码有改动，云端项目会实时更新；云端代码有改动，本地环境会同步更新。

8.5　启动并验证Vue项目云端访问

本节的目标是验证云端环境是否成功地与本地 Cursor "打通"。

第一步：在 Cursor 中启动 Vue 项目，如果不懂如何启动 Vue 项目，不妨问一下 Cursor（见图 8-19）。

图 8-19

第二步：按照 Cursor 给我们的答复操作（见图 8-20）。

第三步：单击 Cursor 的 "查看" 菜单项，选择 "终端" 选项（见图 8-21）。

图 8-20

图 8-21

第四步：在终端窗口中输入 npm run dev 启动项目（见图 8-22）。

图 8-22

第五步：回到 Sealos DevBox 平台，查看项目的访问地址（见图 8-23）。

图 8-23

第六步：在浏览器的地址栏中输入上述访问地址，即可实现访问（见图 8-24）。

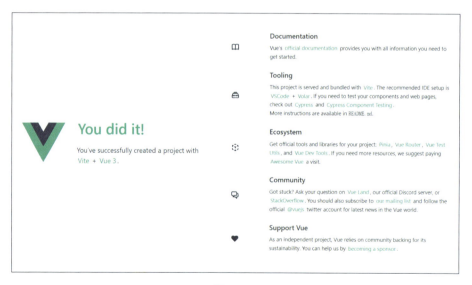

图 8-24

至此，线上和线下的开发环境已实现"打通"。在此基础上，可以拓展项目功能模块，并推进后续开发流程了。

8.6　基于Cursor构建小游戏

本节以开发五子棋游戏为例，但你也可以根据实际需求选择开发其他类型的游戏（如消除类、益智类游戏等）。选择五子棋游戏主要基于两个考量：其规则体系简洁明了，且代码实现规模适中，能够有效验证完整的开发与发布流程。本节介绍的重点在于"如何将本地项目发布到线上"，对具体开发内容的介绍较为简单。

8.6.1　给Cursor发送提示词，让它负责游戏开发

第一步：给 Cursor 发送提示词，让它负责自动实现游戏的开发，提示词内容如图 8-25 所示。

图 8-25

第二步：等 Cursor "开发"完游戏功能后，我们需要通过执行指令 "npm run dev"来实现项目的启动。

我们可以单击 "Run command"按钮来执行指令（见图 8-26）。

图 8-26

我们也可以选择 "Auto-run"项自动运行指令，如图 8-27 所示。这样后续遇到类似情况，Cursor 将不会等待我们的人工操作，而选择自主执行。

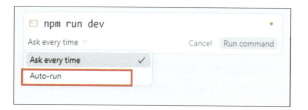

图 8-27

8.6.2　让Cursor修复bug

Cursor基于Vue开发五子棋游戏并不顺利，运行 Cursor 开发的五子棋游戏程序，居然出现了棋盘都没有画完整的问题，如图 8-28 所示。

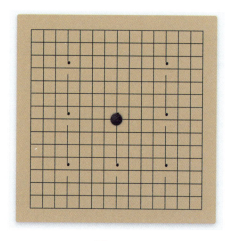

图 8-28

不过我们只需要将问题"抛给"Cursor 即可，让 Cursor 对程序进行修复，让 Cursor 修复程序的提示词及 Cursor 修复程序的过程如图 8-29 所示。

图 8-29

我看到棋盘展示的问题，确实有线条没有正确连接。我来修复这个问题，主要是棋盘的CSS样式需要调整。

```
▼ Gomoku.vue +18 -30 *                              × ✓ ⌄

}

.board-row .board-cell:last-child::after {
  right: 50%;
}

/* 修改线条连接方式 */
.board-cell::before {
  content: "";
  position: absolute;
  left: 50%;
  top: 0;
  bottom: 0;
  width: 1px;
                                                          ⌄
```

图 8-29（续）

经过 Cursor 对程序的精准修复，程序问题已彻底解决！现在重新运行 Cursor 生成的程序，程序的所有功能恢复正常了，界面显示效果焕然一新，如图 8-30 所示。

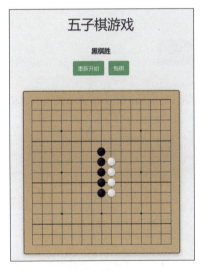

图 8-30

8.7   利用Sealos进行云端发版

接下来，我们要将开发好的游戏项目正式发布。

8.7.1   修改Vue项目启动脚本

发版之前，我们要修改一下 Vue 项目的启动脚本（entrypoint.sh）（见图 8-31）。

图 8-31

我们打开 entrypoint.sh 文件，将文件中的"start"修改为"dev"，然后按"Ctrl+S"快捷键保存文件即可。

8.7.2 云端发布项目

第一步：单击"项目列表"界面右侧的 3 个点图标（⋮），弹出下拉列表，选择"发版"项，如图 8-32 所示。

图 8-32

第二步：在弹出的"发布版本"界面上，填写本次发布版本的版本号及版本描述信息，然后单击"发版"按钮，如图 8-33 所示。

第三步：在弹出的"提示"界面上，单击"确认"按钮，等待平台的一系列操作，实现自动发布项目（也称发版）。

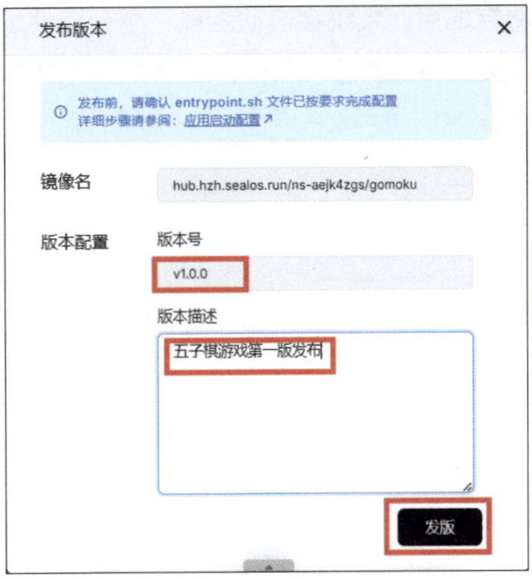

图 8-33

第四步："发布成功"之后，单击"版本历史"窗口右侧的"上线"项（见图 8-34）。

图 8-34

第五步：进入部署界面后，选择相关的 CPU 和内存配置，然后单击"部署应用"
按钮（见图 8-35）。

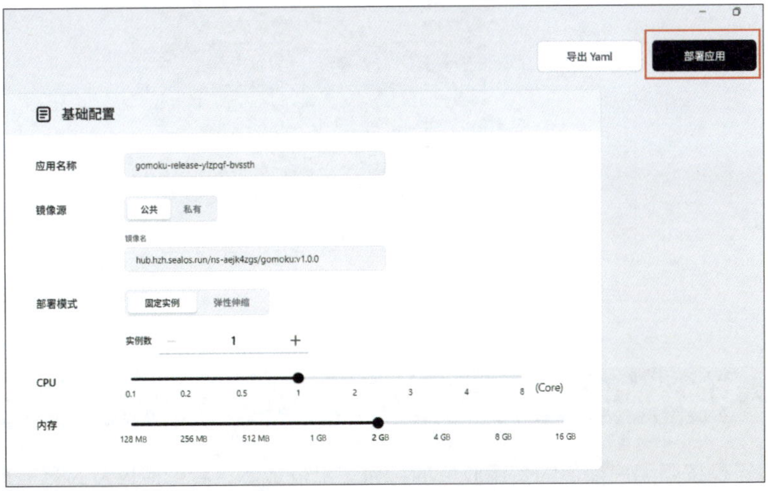

图 8-35

第六步：当项目部署完成后，系统会自动生成一个公网地址。只需将此地址复制到浏览器地址栏中，即可直接访问此项目！现在，全世界的用户都能看到你的作品（项目）了！（见图8-36）

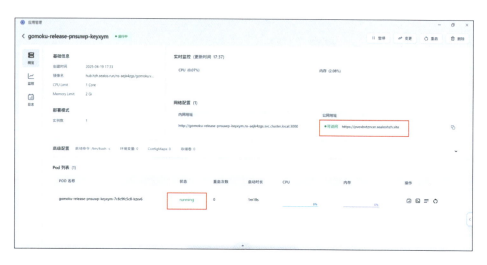

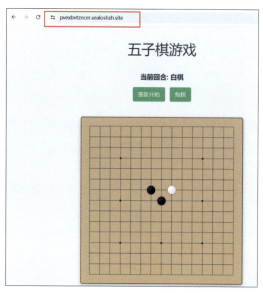

图 8-36

8.8 及时释放资源，降低成本

云服务是按照用户使用的资源收费的，为了降低成本，我们应该及时释放项目不用的资源。

进入 Sealos 平台的"监控"界面，如图 8-37 所示，单击相关图标，即可进入应用管理界面。接下来，我以删除应用为例演示释放资源的操作步骤，其他应用（如数据库、对象存储等）占用的资源的释放方式与此完全一致，可直接参考操作。

图 8-37

第一步：单击"应用管理"项，即可进入应用管理的界面（见图 8-38）。

图 8-38

第二步：单击界面中的 3 个点按钮（⋮），之后会弹出一个包含多个选项的下拉列表，选择"删除"项（见图 8-39）。

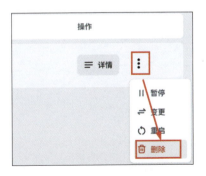

图 8-39

第三步：在"删除警告"界面下方的文本框中输入要删除的应用的信息，然后单击"删除"按钮，即可删除应用（见图 8-40）。

图 8-40

第9章

AI 副业创收实战：网站与小程序开发及流量变现

在这个"人人皆可创造"的数字时代，技术不再是程序员的专属武器，而是普通人展现创造力和撬动副业收入的"黄金杠杆"。无论你是想零基础 3 分钟"克隆"爆款网站，还是用 AI 工具打造当下最火的 AI 导航平台；无论你是希望掌握微信小程序的开发全流程，还是想破解从想法到变现的密码——本章将为你揭开 AI 技术的神秘面纱。

9.1 设计新手也能搞定：3分钟闪电"克隆"优秀网站风格

在网页设计中，快速借鉴优秀网站的风格并进行创新是提升工作效率的有效方法。本节将指导你如何通过 Cursor，在短短 3 分钟内"克隆"优秀网站的设计风格，具体步骤如下。

第一步：编写发送给 Cursor 的提示词。

设计一个类似 https://cloud.bai×××.com/ 风格的 AI 美容网站，网站需具有以下特点。

1. 页面结构

■ 顶部导航栏（位置固定，包含 Logo 和导航链接）。

■ 首页英雄区（展示主标题、副标题、简介和下载按钮）。英雄区，英文是 Hero Section，也译作"主视觉区"，是网页设计中的术语。

■ 产品展示区（3 个产品卡片，每个包含图片、描述和链接）。

■ 功能特点区（3 个功能卡片，展示平台主要优势）。

■ 关于我们区（公司介绍和价值观）。

■ 联系方式区（QQ 和用户交流群）。

■ 页脚区（版权信息和免责声明）。

2．设计风格

■ 简洁现代的 UI 设计。

■ 卡片式布局展示产品和功能。

■ 渐变色背景的英雄区（蓝紫渐变）。

■ 产品卡片带悬停动画效果。

■ 导航菜单带滚动高亮效果。

■ 带红色下画线的标题样式。

■ 响应式设计，适配移动设备。

3．交互功能

■ 平滑滚动导航。

■ 导航菜单滚动高亮。

■ 产品卡片悬停动画。

■ 移动端菜单适配。

4．包含内容

■ 主题设定为 AI 美容平台。

■ 产品包括 AI 美容助手、肤质分析、虚拟试妆。

■ 核心功能包括 AI 智能分析面部特征、设计妆容方案、虚拟试妆。

■ 包含企业价值观和发展愿景。

■ 提供多平台下载方式。

5．技术要求

■ 纯 HTML/CSS/JavaScript 实现。

■ 使用 Font Awesome 图标。

■ 不使用任何前端框架。

■ 保持代码简洁、易读。

第二步：把上述提示词发送给 Cursor，Cursor 经过"不懈努力"之后，提交了完成的文件，我们运行 Cursor 完成的文件，效果如图 9-1 所示。

图 9-1

图 9-1（续）

看！整个网站的界面布局已呈现出专业级水准。若我们希望进一步优化网站效果，只需要用自然语言与 Cursor 交互，如图 9-2 所示，Cursor 将基于我们的反馈动态优化网站，最终 Cursor 再次帮助我们完成任务。

图 9-2

Cursor 根据图 9-2 所示的提示词，对网站的局部进行优化后的效果更符合我们需要的网站主题风格，如图 9-3 所示。

图 9-3

若需要将网站部署至云端，请遵循第 8 章所述 Sealos+Cursor 的发布流程。

如果读者熟悉阿里云、腾讯云、华为云等云平台，也可以把应用放到这些平台上，实现云端部署。

9.2 AI 导航网站正火，"手把手"教你快速复现

1999 年，导航网站 hao123 开创了互联网门户模式，通过 URL 聚合技术实现了 Web 资源的有效整合，奠定了导航类工具的基石。

2024 年，AI 工具类导航网站如雨后春笋般涌现。下面，我们一起来快速复现一个 AI 导航网站，具体实现步骤如下。

第一步：编写提示词。

设计一个类似 https://cloud.bai×××.com/ 风格的 AI 导航网站，网站需具有以下特点。

1. 页面结构

■ 顶部导航栏（位置固定，包含动态 Logo 和 6 个导航链接）。

■ 首页英雄区（展示平台标语、搜索框和热门工具入口）。

- 工具分类区（6个分类卡片，每个包含分类图标和工具数量）。

- 热门工具区（3个推荐工具卡片，包含详细参数和链接）。

- 技术优势区（3个功能卡片，展示网站核心技术）。

- 开发者支持区（API 文档和 SDK 下载入口）。

- 页脚区（合作品牌展示和版权声明）。

2. 设计风格

- 极简科技感设计风格。

- 卡片式网格布局（使用 CSS Grid 实现）。

- 英雄区采用深蓝线性渐变（#001529 → #003CFF）。

- 工具卡片带立体悬浮阴影动画。

- 导航菜单激活状态下有红色下画线（#FF4D4F）。

- 标题使用衬线增强专业感。

- 全平台响应式设计（断点：768 像素 /1024 像素）。

3. 交互功能

- 导航栏自动滚动、半透明化。

- 分类卡片悬停显示工具预览（延迟 300 ms 触发）。

- 单击工具卡片复制 API 调用代码。

- 移动端手势滑动切换卡片。

- 搜索框智能补全（支持中英文混合输入）。

4. 包含内容

- 核心主题：AI 工具发现与集成平台。

- 工具分类：自然语言处理、计算机视觉、机器学习框架等。

- 推荐工具：GPT-4o、Stable Diffusion、TensorFlow。

■ 技术优势：实时更新系统、多维度评分、兼容性检测。

■ 开发者支持：提供 OpenAPI 文档和 Python/JavaScript SDK。

■ 合作品牌：显示百度智能云、华为云等合作伙伴名称。

5．技术要求

■ 纯原生技术实现（HTML5/CSS3）。

■ 使用 Font Awesome 6.4 图标库。

■ 不使用任何 CSS 框架。

■ 代码符合 W3C 验证标准。

■ 文件大小控制在 300KB 以内。

第二步：将提示词发送给 Cursor，它很快完成了网页文件。我们运行 Cursor 生成的网页文件，效果如图 9-4 所示。

图 9-4

图 9-4（续）

　Cursor 与 MCP 快速入门：零基础开发智能体应用

目前，网站的整体设计已具雏形，后续我们可以通过持续与 Cursor 交互，逐步优化并实现网站的其他功能和页面效果。

第三步：我们试着单击网页上的链接，发现当前网页上的链接都是不可用的，所以给 Cursor 发送指令让其解决这个问题，发送的指令如图 9-5 所示。

Cursor 修正网页链接的过程是逐行阅读网页源代码来检查空链接并进行修复，如图 9-6 所示。

图 9-5

图 9-6

最终，Cursor 解决了网页链接问题，我们可以通过查看网页源代码来检查 Cursor 完成的情况，如图 9-7 所示。

图 9-7

后续我们要修复网站的其他功能，只需通过自然语言与 Cursor 交互即可，故不再赘述。

9.3 AI微信小程序开发：3步打造专业番茄工作法工具

本节将指导读者通过微信开发者平台，用 Cursor 开发微信小程序，快速打造一款专业的番茄工作法工具。

第一步：访问微信开发者平台 https://developers.weixin.qq.com/platform/。

第二步：在打开的"微信开发者平台"页面上单击"稳定版 Stable Build"链接（见图 9-8 ）。

图 9-8

第三步：我们根据当前自己用的操作系统版本，在"下载 / 稳定版更新日志"页面上单击对应的下载链接，例如，操作系统为 Windows 10（64 位），则单击标有"Windows 64"的链接就可以下载对应的安装包，如图 9-9 所示。

图 9-9

第四步：选中已下载的安装包，单击鼠标右键，在弹出的菜单中选择"以管理员身份运行"项，如图 9-10 所示。

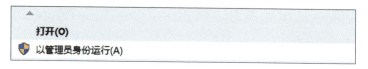

图 9-10

第五步：进入程序安装过程，按照安装向导的指引进行安装操作即可，如图 9-11 所示。

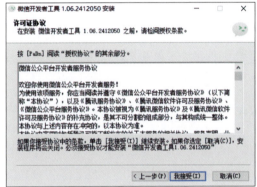

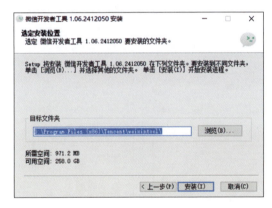

图 9-11

9.3.2　基于Cursor定制化设计界面原型

第一步：编写发送给 Cursor 的提示词，具体提示词如下所示。

你是一位资深的产品经理和 UX/UI 设计专家，请为"番茄时钟"微信小程序制作"高保真"原型。

要求：请在一个 index.html 文件中生成所有的原型界面（此要求不可变更）。

项目核心功能如下。

（1）计时面板：倒计时显示、进度环、暂停、继续。

（2）任务管理：任务列表、完成标记、优先级设置。

（3）历史统计：每日专注时长分布、任务完成率、效率趋势。

（4）设置菜单：工作时间配置（可选 25 分钟或 50 分钟）、休息间隔、通知偏好。

技术规范如下。

（1）设计需符合当前移动应用的标准，注重视觉层次的构建与交互逻辑的流畅性。

（2）把 Font Awesome 或其他开源图标库集成至 UI 中，以提升界面的专业感。

（3）提供全面细致的界面元素和状态展示，确保覆盖所有的使用情形。

（4）确保所设计的原型界面具备高质量，可以直接用于后续的开发工作。

第二步：不到 5 分钟，Cursor 完成了这个工具的界面设计，我们运行 Cursor 生成的 index.html 文件，工具的界面设计显得很专业，效果如图 9-12 所示。

图 9-12

9.3.3　基于界面原型完成小程序构建

工具的界面原型已就绪，接下来我们将借助 Cursor，以工具的界面原型为蓝本生成可运行的微信小程序代码，具体步骤如下。

第一步：打开微信开发者工具，创建小程序项目，参照图 9-13 选择相关选项后，单击"创建"按钮。

图 9-13

为了方便理解，我们暂时使用中文拼音全拼（如 fanqieshizhong）作为项目名称。不过，正式开发此工具时建议采用英文命名（如 Pomodoro Timer），这样更符合技术规范，也便于团队协作和维护代码。

第二步：成功创建小程序项目后，系统会在本地生成对应的项目文件夹。请将9.3.2 小节介绍的步骤生成的界面原型文件（index.html）复制到该小程序项目的根目录中，如图 9-14 所示。

第三步：用 Cursor 打开小程序项目（fanqieshizhong），具体步骤如图 9-15 所示（见图中数字标识）。

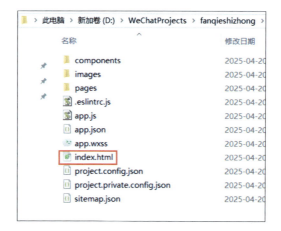

图 9-14

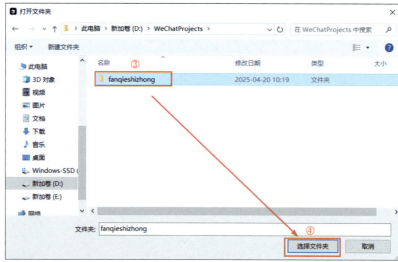

图 9-15

| **Cursor 与 MCP 快速入门**: 零基础开发智能体应用

第四步：在 Cursor 对话框中，给 Cursor 下达指令（提示词），让其负责生成小程序的相关功能，提示词的内容如图 9-16 所示。

图 9-16

注意！Cursor"交付"给我们的程序可能会出错，我们只需要将错误信息截图，并发送给 Cursor，它就会按照截图中的"错误信息"，对程序中的错误进行修复，如图 9-17 所示。

图 9-17

注：JS 是 JavaScript 的缩写。

后续修复小程序其他功能的方式类似，我们只需通过自然语言与 Cursor 交互即可，故不再赘述。

9.3.4　真机测试小程序的运行效果

验收小程序运行效果时，除了通过开发者平台调试，我们还可以用真机测试（在手机上实际运行这个小程序）来验证这个小程序的功能，这样能更贴近真实用户的使用场景。具体操作步骤如下。

第一步：如图 9-18 所示，在微信开发者工具中单击"真机调试"按钮后，会出现对应的二维码，可以根据自己的手机操作系统，勾选二维码下面的"Android 系统"或"iOS 系统"单选项，切换二维码。

9

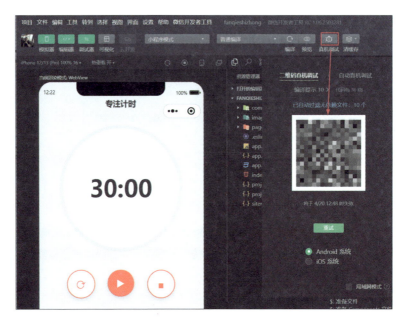

图 9-18

第二步：打开手机，扫描真机调试二维码，即可在手机端体验小程序的运行效果，如图 9-19 所示。

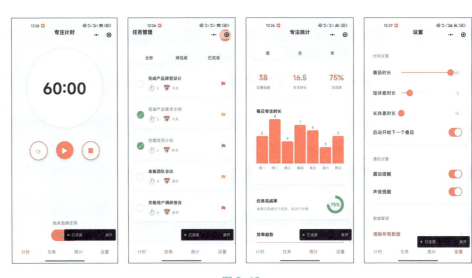

图 9-19

当前开发的小程序仅支持内部测试使用，如需对外开放，需先完成小程序的注册备案流程，并通过微信公众平台提交审核。具体操作请参考后续相关章节的指引。

9.4　微信小程序注册及备案

在开发微信小程序后，注册和备案是必不可少的步骤。本节将详细指导读者如何完成前期准备工作（注册邮箱），并顺利推进小程序的注册和发布流程。

9.4.1　前期准备工作：注册邮箱

注册小程序账号需要邮箱，下面以网易邮箱为例说明操作流程。

第一步：打开浏览器，在浏览器地址栏中输入 www.163.com，进入网易首页。

第二步：在页面右上角找到"免费注册邮箱"按钮并单击。

第三步：网易邮箱支持采用手机号注册或自定义邮箱名称注册，单击左侧任一选项即可，如图 9-20 所示。

图 9-20

第四步：输入注册的邮箱及密码等相关信息，勾选"同意《服务条款》……"项，单击"立即注册"按钮，跳转至邮箱首页即成功注册了邮箱。

9.4.2　注册并激活微信小程序账号

第一步：打开浏览器，在浏览器地址栏中输入 https://mp.weixin.qq.com/，访问微信公众平台首页。

第二步：在"微信公众平台"界面上单击右上角的"立即注册"按钮，如图9-21所示。

图9-21

第三步：在"请选择注册的账号类型"界面中，选择"小程序"项，然后单击"前往注册"按钮，如图9-22所示。

图9-22

第四步：在图9-23所示的页面上，填写小程序账号信息，包括邮箱、密码、确认密码，最后单击"注册"按钮即可。

第五步：激活小程序账号，验证邮箱归属，在"邮箱激活"页面中，请单击"登录邮箱"按钮完成验证（见图9-24）。

图 9-23

图 9-24

第六步：打开邮箱，单击微信公众平台发送的激活链接（见图 9-25 ）。

图 9-25

第七步：完成用户信息登记。在"小程序注册"界面，建议选择"个人"主体类型；若选择"企业"，需提供企业营业执照（见图 9-26）。

图 9-26

第八步：完成主体信息登记。在"主体信息登记"页面，用微信扫描"管理员身份验证"二维码验证即可（见图 9-27）。

图 9-27

第九步：微信扫码验证成功之后，"主体信息登记"页面会出现"身份验证成功"的提示（见图 9-28），单击"继续"按钮进入下一个环节。

图 9-28

第十步：单击"确定"按钮确认身份，完成最终的信息注册（见图 9-29）。随后单击"前往小程序"按钮即可进入下一个环节的操作界面。

图 9-29

第一步：进入"小程序发布流程"操作界面后，单击第一项右侧的"去填写"按钮（见图 9-30）。

图 9-30

第二步：在"填写小程序信息"界面中，依次填写小程序的各项信息后，单击"提交"按钮即可，如图 9-31 所示。

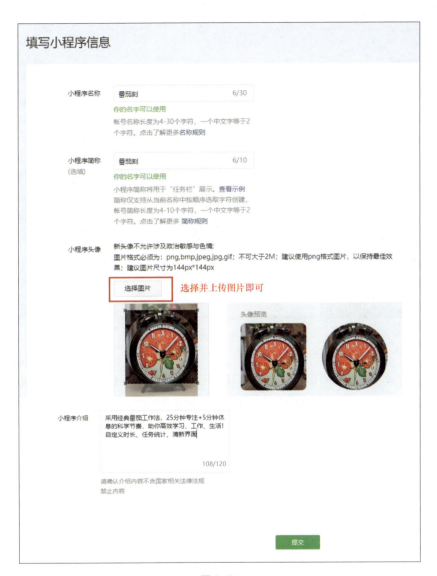

图 9-31

9.4.4 小程序发布流程第二步：补充小程序服务类目

第一步：在图 9-32 所示的"小程序发布流程"界面上，单击"去补充"按钮，进入"服务类目"界面。

第二步：在"服务类目"界面上单击右上角的"添加类目"按钮，会弹出一个二维码，需要用微信扫码确认开发者的合法身份，如图 9-33 所示。

图 9-32

图 9-33

第三步：在"服务类目"下拉框中，选择你将发布的小程序的服务类目（如工具 >
办公），然后单击"确定"按钮即可（见图 9-34）。

图 9-34

第一步：在"小程序发布流程"界面上单击"去备案"按钮（见图9-35），进入"验证备案类型"界面。

图 9-35

第二步：在"验证备案类型"界面上，填写主办人信息及上传个人身份证照片，然后单击"验证"按钮（见图9-36）。

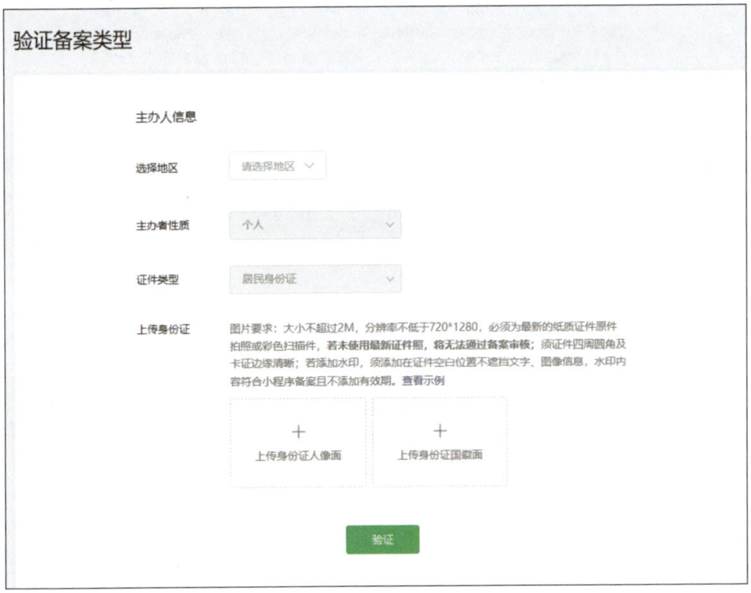

图 9-36

第三步：主办人信息验证通过之后，在"填写备案信息"界面上填写主体信息等，再单击"下一步"按钮（见图9-37）。

填写备案信息

① 填写主体信息　　② 填写小程序信息　　③ 上传材料

主体信息

主体名称　　　▇▇▇▇|

通讯地址　　　/ ▇▇▇▇

　　　　　　　▇▇▇▇

　　　　　　　温馨提示：通讯地址需要精确到具体房间号，省、市、区无需重复填写。若所填写地址无门牌号且已是最详细地址，请在下方"备注"位置说明情况，如"通讯地址已是最详细地址"。若未填写最详细通讯地址，将无法通过备案审核。

备注（选填）　　请填写主体信息备注

主体负责人信息

手机号　　　　▇▇▇▇

　　　　　　　[获取验证码]　验证码有效期为10分钟，请及时填写以免失效

　　　　　　　温馨提示：需填写本人使用的有效手机号码，且没有给其他人使用过进行备案的；并在备案申请期间，注意需由本人接听平台、管局的核实电话，当收到由工信部发送的核验短信通知时，需在24小时内登录所在省市的管局网站完成短信核验。若联系方式存在多人重复使用、未及时完成短信核验，将无法通过备案审核。

验证码　　　　▇▇▇▇

应急手机号　　▇▇▇▇

邮箱地址　　　▇▇▇▇

　　　　　　　温馨提示：需填写负责人本人使用的邮箱地址，且没有给其他人使用过进行备案的。

　　　　　　　　　　　[取消]　　[下一步]

图 9-37

第四步：在"填写备案信息"界面上，按照图 9-38 所示填写小程序基础信息，并扫描下方的二维码。

第五步：在手机端完成人脸识别，如图 9-39 所示。

图 9-38

图 9-39

第六步：完成人脸识别后，单击"下一步"按钮（见图 9-40）进入上传资料页面。

第七步：在"填写备案信息"界面上，单击"下载模板"，打印微信公众平台提供的《互联网信息服务备案承诺书（个人）》并填写好个人信息后，再将此模板上传到微信公众平台，如图9-41所示。

图 9-40

互联网信息服务备案承诺书（个人）

本人通过 深圳市腾讯计算机系统有限公司 向 广东省 通信管理局申请互联网信息服务备案，并作出如下承诺：

一、本人具备完全民事行为能力，知晓并自觉遵守互联网信息服务相关法律法规和行政管理规定，所提交的备案信息及文件、证件、照片等资料真实、合法、有效，相关资料的电子扫描件/照片与原件一致，备案的小程序为本人所办、为本人负责管理。

二、备案通过之日起一个月内，按照备案项目范围尽快上线提供互联网信息服务，不发布未经许可和法律法规禁止发布的信息；上线时在小程序主体介绍位置（设置-关于两级菜单以内页面底部显著位置或三级专用菜单内）规范标明对应备案编号，并链接至 http://beian.miit.gov.cn。

三、备案通过后，做好备案信息维护工作，通信地址、联系电话、服务名称、服务项目等原备案内容如发生变化，及时通过备案小程序运行平台履行备案信息变更手续。

四、如该小程序在其他新小程序平台上线，未办理完成新小程序平台的新增接入（新增平台）手续，不得在新小程序平台上线。停用原小程序平台之日起一个月内，主动委托原小程序平台取消其平台接入信息。

五、如发生小程序停办等情况，自发生之日起一个月内主动完成备案注销手续。

六、自觉配合电信主管部门开展备案信息核查、网络信息安全事件处置和相关行业管理、监督检查工作。

如违背承诺导致发生违法违规行为或造成其他不良影响，自愿承担相应法律责任和接受相关处罚或措施（注销备案、下线小程序、列入黑名单、罚款等）。

签名+手印：

身份证号码：

年　月　日

注：签署60日内有效（以接入商提交备案申请之日算），退回再次提交时仍在有效期内的，可免签署。

图 9-41

9

第八步：上传文件《互联网信息服务备案承诺书（个人）》后，单击"提交"按钮，小程序就进入了审核状态，如图 9-42 所示。

图 9-42

审核通过后，我们就可以获得正式的 Appid，通过这个 Appid 将小程序上传到微信公众平台。

9.4.6 小程序发布流程第四步：微信认证（非必须）

如果只是需要发布小程序，则这一步是非必须的操作。

如果后期需要推广小程序，让更多用户可以搜索到我们的小程序，则需要进行微信认证，具体操作步骤如图 9-43 所示的数字标识。

图 9-43

图 9-43（续）

如图 9-43 所示，该环节涉及付费操作，后续流程可通过微信内置指引完成。建议先熟悉小程序的基础操作流程，待有明确的运营规划或成熟的设计方案时再进行认证也不迟。

9.5   将微信小程序上传到微信公众平台

在完成开发和测试后，将微信小程序正式上传至微信公众平台是关键一步。

在默认情况下，我们使用的是测试开发的 Appid，因此微信开发者工具右侧的"上传"按钮会处于不可用的灰色状态，如图 9-44 所示。

图 9-44

若要将微信小程序上传至微信公众平台，需使用新配置的 Appid，即 9.4.5 小节所讲的备案通过后获取的 Appid，如图 9-45 所示。

Cursor 与 MCP 快速入门：零基础开发智能体应用

9

图 9-45

设置 Appid 成功之后，微信开发者工具右侧的"上传"按钮就可以使用了，如图 9-46 所示。

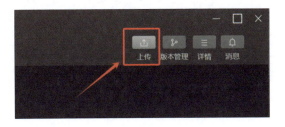

图 9-46

9.6　抖音博主必看：定制网页高效变现

在特殊的时间点上，定制网页成为许多抖音博主提供的热门服务。用户只需提供具体的需求，抖音博主即可按需求给用户生成专属页面，从而实现变现。

实现这类网页有两种常见方式。

（1）开通设计类网站会员，使用网页模板生成定制网页。

（2）先使用Cursor生成基础网页，再根据用户需求修改网页内容，生成定制网页。

通过第二种方案，我们可使用技术手段低成本生成定制网页。

下面，我们一步步进行实现。

第一步：编写提示词。

作为一位资深UI设计师，请生成一张"520"婚礼海报，重点是提升美感和吸引力。

1．整体视觉效果

■ 使用粉色背景，色值从#ffebf0到#ffc1d2，营造柔和浪漫氛围。

■ 为海报设计30像素圆角和渐变阴影效果，增强精致感。

■ 添加波浪背景动画，使页面更具动感。

■ 加入页面入场动画效果，提升吸引力。

2．标题区域

■ 让"LOVE"文字居中显示，添加发光效果和脉动动画。

■ 标题"嫁给我吧"使用更大（48像素）且优雅的中文字体。

■ 标题下方添加装饰线，中央有小爱心点缀。

■ 优化副标题文字的间距和阴影，并添加淡入动画。

3．中心卡片区域

■ 宽度控制在280像素，确保协调性。

■ 圆形边缘设计，顶部添加装饰物。

■ 内部文字如下。

● 姓名：张小姐＆李先生。

● 爱的宣言："与你一见如故"和"此生唯一的爱是你"。

● 地址信息：深圳市福田文化广场。

● 日期：2025 年 5 月 20 日。

4．动画和交互效果

■ 添加闪亮粒子和花瓣随机飘落效果。

■ 卡片浮动动画调整为更轻柔的效果（浮动高度为 10 像素）。

■ 卡片边框 45 秒缓慢旋转，营造梦幻感。

■ 单击卡片时产生爱心爆炸效果和轻微震动。

■ 鼠标光标悬停在名字上时，显示放大效果并释放小爱心。

5．装饰元素

■ 在页面四周添加半透明、漂浮的爱心装饰。

■ 顶部左右两侧各添加一个白色爱心图案，轻微浮动。

■ 增加三个装饰性圆球，随机漂浮。

■ 页脚添加精致分隔线和装饰点。

6．色彩搭配

■ 主色调使用粉色（#ff8fab 到 #ff5c8d）。

■ 姓名使用 #ff2e63 突出显示。

■ 中心卡片区域文字信息使用 #555555，确保可读性。

■ 婚礼信息区域使用淡粉色背景（rgba(255, 240, 245, 0.6)），文字使用 #ff4757。

7．移动端优化

■ 确保在小屏设备上显示效果良好。

■ 调整字体大小和间距，提高可读性。

■ 优化各元素的相对比例。

所有内容保存为一个完整的网页项目，包括 HTML、CSS、JavaScript 和必要的图像资源。

第二步：将上述提示词输入 Cursor，Cursor 可生成网页文件，我们运行 Cursor 生成的网页文件，效果如图 9-47 所示。该网页具备动态效果，页面中会飘动大量爱心图标。

第三步：根据用户提供的需求（如姓名和祝福语），我们可以直接在 Cursor 生成的网页文件（index.html）代码中编辑网页的关键部分，以此减少与 Cursor 的交互次数，并生成更有特色的网页。具体操作为：首先，我们在 Cursor 的"资源管理器"界面上，用鼠标双击界面左侧的"index.html"文件，打开该文件的源代码；其次，修改文件源代码中相应的文字内容；最后，按下"Ctrl+S"快捷键保存所做的更改，如图 9-48 所示。

图 9-47

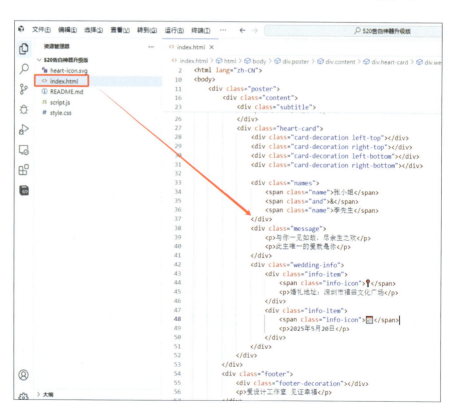

图 9-48

第 10 章

大模型 +MCP：AI 智能体开发的新标准

在当今快速发展的 AI 领域，大模型与 MCP（Model Context Protocol，模型上下文协议）正共同塑造着未来 AI 智能体开发的新标准。本章将引导读者探索如何利用 Cursor 工具和 MCP，实现更高效、更智能的应用开发。

从构建个性化的旅行攻略助手到复现 Manus，再到深入挖掘阿里云百炼平台的强大功能，本章将详细介绍每一个实现步骤和技术细节。

准备好加入这场技术创新之旅了吗？我们一起揭开 AI 智能体开发的新篇章，探索大模型与 MCP 结合带来的无限可能。无论你是经验丰富的开发者还是初学者，这里都有适合你的宝贵知识和实用技巧。

10.1　MCP：AI智能体与外部交互的接口

10.1.1　MCP简介

MCP 是由人工智能公司 Anthropic 发起并开源的标准化协议，它定义了应用程序向大模型提供上下文的标准方式。

你可以把它想象成 AI 智能体的"USB-C 接口"——就像 USB-C 统一了设备与外设之间的连接方式，MCP 也为大模型与外部数据源、工具之间的交互提供了统一接口。

如果说大模型是 AI 智能体的"大脑"，负责认知与决策，那么 MCP 就为它装上了"感官和四肢"，让它能够感知环境、灵活调用工具、与物理世界进行动态交互。

10.1.2　MCP架构解析

MCP 采用经典的客户端 – 服务器架构，包含 Host（主机）、Client（客户端）、Server（服务器）这 3 部分，如图 10-1 所示。

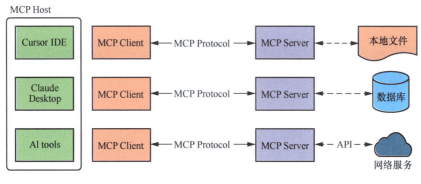

图 10-1

以下分别说明各部分的功能与作用。

1. MCP Host

MCP Host 是整个 MCP 架构的起点，通常是一个与用户直接交互的 AI 智能体程序，如 Cursor IDE、Claude Desktop 或其他支持 MCP 的工具。它的主要职责是与 MCP Client 建立连接，并通过 MCP 向外部数据源或工具发起请求。

2. MCP Client

MCP Client 是 MCP Host 与 MCP Server 之间通信的关键模块，负责标准化消息传递和工具调用。它充当两者之间的桥梁，确保数据交换的一致性和规范性。

3. MCP Server

MCP Server 是一个轻量级的服务程序，通过标准化接口对外提供特定能力，如工具调用、资源访问及提示模板等。它充当了外部服务与 MCP 生态系统之间的桥梁。

10.1.3　MCP的发展态势

2025 年 3 月，OpenAI 官方宣布全面支持 MCP。

2025 年 4 月，阿里巴巴在北京召开的"AI 势能大会"上宣布其旗下阿里云百炼平台上线业界首个全生命周期 MCP 服务，首批集成高德、无影、Fetch、Notion 等 50 多个阿里巴巴及第三方 MCP 服务，覆盖生活信息、浏览器、内容生成等领域。阿里巴巴支持开发者自主开发并发布 MCP Server 模块，提供零门槛开发体验。

2025 年 4 月，腾讯云升级其大模型知识引擎，支持调用 MCP 插件（包括自定义插件）。腾讯云平台已上线多款 MCP Server（如腾讯云 EdgeOne Pages、腾讯位置服务、Airbnb、Figma、Fetch 等），涵盖网页部署、位置服务、信息获取等场景。

2025 年 4 月，百度智能云发布国内首个企业级 MCP 服务，首批开放超过 1000 个 MCP Server 供企业及开发者选择。

MCP 的应用生态正在不断演进中。本章将带领读者用它实现多项任务，但真正释放其潜力的关键，在于读者的实践与探索——这需要想象力与创造力的共同驱动。

在 AI 技术飞速发展的今天，最激动人心的往往不是大模型本身，而是人们如何将大模型应用于独特的场景中，创造出全新的价值。读者可结合大模型与 MCP，打造出既实用又富有创意的智能体应用。

10.2 "Cursor+MCP" 开发旅行攻略助手

2025 年 3 月，高德地图 MCP 首发，提供位置服务、路径规划、天气查询等 12 项实时服务，助力开发者在出行场景中高效获取动态信息。接下来，我们将结合 Cursor 与高德地图 MCP，开发一款旅行攻略助手。

10.2.1 注册为高德开放平台开发者

要使用高德地图 MCP 服务，需先在高德开放平台注册为高德开放平台开发者，具体步骤如下所示。

第一步：访问 https://lbs.amap.com/，进入高德开放平台首页（见图 10-2）。

图 10-2

第二步：单击首页右上角的"注册"链接，进入注册页面。

第三步：进入"注册账号"环节，在"注册成为开发者"页面上填写手机号及验证码等信息（见图10-3）。

图10-3

第四步：进入"选择认证方式"环节，推荐选择"个人认证开发者"项（见图10-4）。

图10-4

第五步：进入"完善信息"环节，可以采用支付宝扫码实名认证（见图10-5）。

Cursor 与 MCP 快速入门：零基础开发智能体应用

图 10-5

在"注册成为开发者"页面上单击"进行支付宝扫码实名认证"项后，会弹出支付宝二维码页面，我们打开支付宝 App 进行扫码认证即可。

扫码成功后，请完成授权步骤：勾选"已阅读和同意《用户授权协议》"复选框并单击"授权"按钮（见图 10-6）。

图 10-6

第六步：授权成功后，系统会自动跳转至邮箱验证页面。请填写邮箱地址及邮箱收到的验证码，然后单击"提交材料"按钮（见图10-7）。

图 10-7

第七步：提交材料后，会弹出认证成功通知页面，3 秒后自动跳转至控制台（见图 10-8 ）。

图 10-8

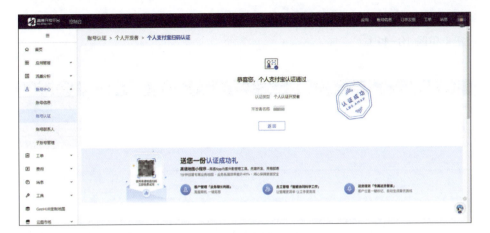

图 10-8（续）

10.2.2 创建Key

高德开放平台自动生成的 Key 是应用程序调用高德地图服务的凭证，用户只有提交这个 Key，高德开放平台才会响应用户的应用向高德开放平台发出的请求。创建 key 的具体步骤如下。

第一步：在高德开放平台的控制台页面上，单击右上角的"创建新应用"按钮（见图 10-9），出现"新建应用"页面。

图 10-9

第二步：在"新建应用"页面上填写应用的相关信息，如图 10-10 所示，填完相关信息后，单击"新建"按钮，就成功新建了应用。

图 10-10

第三步：新建应用成功后，在控制台页面单击"我的应用"右侧的"添加 Key"按钮（见图 10-11）。

图 10-11

第四步：在弹出的"为「我们的专属旅行助手」添加 Key"页面上填写 Key 名称、选择服务平台等。按图 10-12 中数字标识的内容操作，然后单击"提交"按钮即可（见图 10-12）。

图 10-12

第五步：在"我的应用"区域可以看到 Key（旅行助手 Key）已经生成（见图 10-13）。

Cursor 与 MCP 快速入门：零基础开发智能体应用

图 10-13

第六步：在"我的应用"区域单击"查看配额"按钮，查看高德开放平台分配的免费额度（见图 10-14）。

图 10-14

高德开放平台提供的免费调用量（免费额度）足以满足个人实验需求。

10.2.3　接入高德地图MCP Server

接入高德地图 MCP Server 的具体步骤如下。

第一步：打开浏览器，在浏览器地址栏中输入 https://lbs.amap.com/api/mcp-server/summary，打开高德地图 MCP Server 的介绍文档页面，如图 10-15 所示。

图 10-15

第二步：单击"快速接入"项，进入具体接入教程。

高德地图的 MCP Server 支持所有遵循 MCP 的客户端，例如 Cursor IDE、Claude Desktop。目前，MCP Server 提供了 MCP（SSE）和 Node.js I/O 两种接入方式。这里，我们先采用 SSE 的方式进行配置。

第三步：打开 Cursor，配置 MCP Server（见图 10-16）。

图 10-16

配置 MCP Server 的步骤如下。

（1）单击右上角的齿轮 ⚙ 图标打开设置菜单。

（2）在左侧菜单中选择"MCP"项进入 MCP 设置。

（3）在 MCP 设置页面上，单击"Add new global MCP server"按钮添加新的全局 MCP 服务器。

第四步：打开自动生成的 mcp.json 文件，该文件支持配置多个 MCP Server。参考高德地图 MCP 的 SSE 协议配置项添加内容（见图 10-17），完成内容添加后按"Ctrl+S"组合键保存该文件。

图 10-17

第五步：返回 MCP 设置页面，状态指示灯变绿，表示 MCP Server 配置成功（见图 10-18）。

图 10-18

如图 10-19 所示，我们可以看到 MCP Server 集成了多个接口，将鼠标光标悬停在接口上即可查看接口的功能描述。清晰的接口说明可帮助用户快速了解和使用接口。

图 10-19

我们已详细介绍了如何通过 MCP（SSE）方式接入 MCP Server。如果读者希望改用 Node.js I/O 方式接入 MCP Server，需先安装 Node.js，建议使用 v22.14.0 或更高版本的 Node.js，以确保应用具有更好的兼容性与性能。

读者根据自己的操作系统下载对应的 Node.js 安装包，按常规方式安装即可。安装完 Node.js 后，可使用以下配置内容替代原有的 SSE 配置，具体内容如下：

```
 1 {
 2   "mcpServers": {
 3     "amap-maps": {
 4       "command": "npx",
 5       "args": ["@amap/amap-maps-mcp-server"],
 6       "env": {
 7         "AMAP_MAPS_API_KEY": "这里替换为你申请的 Key"
 8       }
 9     }
10 }
```

10.2.4 旅行规划小助手（V1.0）

完成高德地图 MCP Server 配置后，就可以开始体验 Cursor 与 MCP 结合带来的全新功能，具体操作步骤如下。

第一步：在 Cursor 中创建一个名为"MCP"的新文件夹，然后在 Cursor 的对话框中输入相应指令（提示词）并发送给 Cursor，提示词的具体内容如图 10-20 所示。

第二步：Cursor 识别用户需求并调用高德地图 MCP Server 的 maps_weather 接口（见图 10-21）。

图 10-20

图 10-21

第三步：完成上述步骤后，Cursor 将会返回一份详细的"五一"假期三天游计划（见图 10-22）。

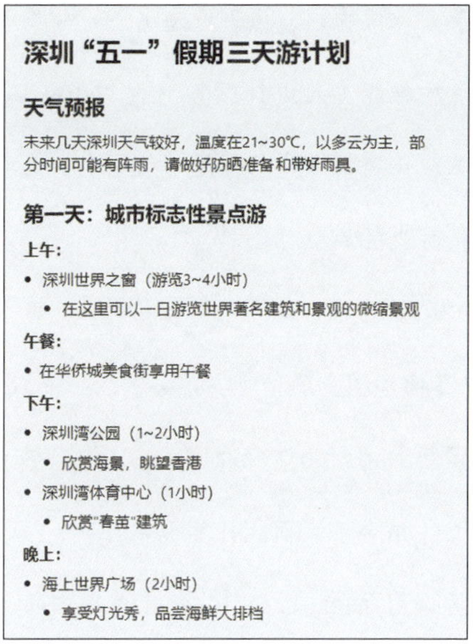

深圳"五一"假期三天游计划

天气预报

未来几天深圳天气较好，温度在21~30℃，以多云为主，部分时间可能有阵雨，请做好防晒准备和带好雨具。

第一天：城市标志性景点游

上午：
- 深圳世界之窗（游览3~4小时）
  - 在这里可以一日游览世界著名建筑和景观的微缩景观

午餐：
- 在华侨城美食街享用午餐

下午：
- 深圳湾公园（1~2小时）
  - 欣赏海景，眺望香港
- 深圳湾体育中心（1小时）
  - 欣赏"春茧"建筑

晚上：
- 海上世界广场（2小时）
  - 享受灯光秀，品尝海鲜大排档

图 10-22

10.2.5 旅行规划小助手（V2.0）

V1.0 版本的旅行计划内容不够细致，且缺乏图示，因此，V2.0 版本针对这些问题进行了优化，具体步骤如下。

第一步：编写提示词如下。

请作为旅行规划专家，调用高德地图 MCP Server 完成以下任务。

1. 数据获取

■ 调用 maps_weather 获取 {{ 出发日期 }} 至 {{ 返程日期 }} 期间每日天气数据（温度、降水概率、风速）。

■ 调用 maps_text_search 获取 {{ 目的地 }} 所有 4A 级以上景区信息（需包含经度、纬度、特色图片 URL）。

■ 调用 maps_route_planning 生成各景点间公共交通路线（含地铁、公交接驳方案）。

2. 行程规划

每日时段划分：

08:00—12:00 人文景点（博物馆、历史遗迹）；

12:00—14:00 特色餐厅推荐（人均 {{ 预算 }} 元内）；

14:00—18:00 自然景观（需标注步行强度等级）；

19:00—21:00 夜景、商业区活动。

必含要素如下。

■ 标注每个景点在高德地图上的信息。

  ● 门票价格（调用 maps_poi_detail）。

  ● 最佳游览时长（结合景点面积计算）。

  ● 实时拥挤度（调用 maps_traffic_status）。

■ 标注餐厅必吃菜品和人均消费。

■ 标注跨景点交通预估时间和费用。

3. 产出为 {{ 城市拼音 }}.html 文件

第二步：为便于维护，可将提示词保存在一个文件中（如"旅行规划助手提示词 .md"），并将文件放入项目目录（见图 10-23）。

图 10-23

知识点：

MD 文件，通常指的是使用 Markdown 语言编写的文本文件，其扩展名为 .md。

Markdown 语法非常简单直观，例如，使用"#"表示标题，使用"*"或"–"创建列表，非常适合编写有层次结构的提示词。

第三步：将提示词文件拖曳至 Cursor 的对话框，或通过 @ 符号引用文件，随后在 Cursor 的对话框中输入指令（见图 10-24）。

图 10-24

第四步：Cursor 调用高德地图 MCP 的相关接口执行具体任务（见图 10-25）。

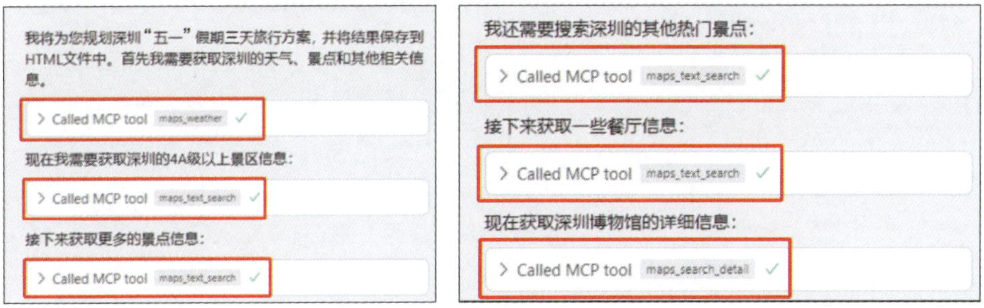

图 10-25

第五步：Cursor 生成 HTML 文件后，我们用浏览器打开该文件，效果如图 10-26 所示。

图 10-26

图 10-26（续）

第六步：运行 Cursor 生成的 HTML 文件后，从效果图中我们发现，网页中缺少景点图片，我们让 Cursor 修改 HTML 文件（页面文件）。

第七步：查看 Cursor 修改后的页面运行效果，如图 10-27 所示。

图 10-27

Cursor 与 MCP 快速入门：零基础开发智能体应用

图 10-27（续）

10.3 "Cursor+MCP"复现Manus

Manus是由创业公司Monica推出的通用AI智能体产品。2025年3月6日凌晨，Manus内测版本发布，能自主完成从规划到执行的全流程任务（如简历筛选、房产分析、股票研究等）。

本节将讲解Manus的复现思路及用"Cursor+MCP"复现Manus的具体步骤与案例。

10.3.1 Manus的复现思路

整体上，Manus通过规划阶段、执行阶段、验证阶段这三个阶段来完成用户分配的任务。针对上述三个阶段，复现思路是选择合适的MCP Server来实现每个阶段的功能。

以撰写2024—2025赛季中国男子篮球职业联赛（CBA联赛）季后赛的最新分析战报为例，Manus执行的三阶段与MCP Server的协作流程如下。

（1）规划阶段：通过MCP Server明确需求并分解任务（如定义分析框架、数据源优先级）。

（2）执行阶段：调用MCP Server完成数据抓取（实时比分、球员统计）与内容生成（战报初稿）。

（3）验证阶段：利用MCP Server核验数据一致性（如交叉验证多源数据）并输出最终报告。

10.3.2 Cursor配置Sequential Thinking MCP

Sequential Thinking MCP 是一款专注于"分步骤推理"与"顺序思考"任务自动化的高性能 MCP Server。它通过标准化接口，为各类需要逐步分析与决策的应用场景提供强大支持，无论是复杂问题的拆解，还是多步骤计划的制订，都能轻松应对。

凭借其强大的功能，开发者可以无缝将顺序思考能力集成到自己的 AI 应用中，显著提升处理复杂任务的效率与准确性。无论是要进行逻辑推理、策略规划，还是执行多阶段任务，Sequential Thinking MCP 都是开发者手中不可或缺的利器，助力 AI 应用迈向更智能、更高效的未来。

具体操作步骤如下。

第一步：打开浏览器，在浏览器的地址栏中输入 https://github.*om/smithery-ai/reference-servers/tree/main/src/sequentialthinking，访问该网页。

第二步：在打开的网页中找到配置项，然后单击网页右侧的"复制" ⊡ 图标，如图 10-28 所示。

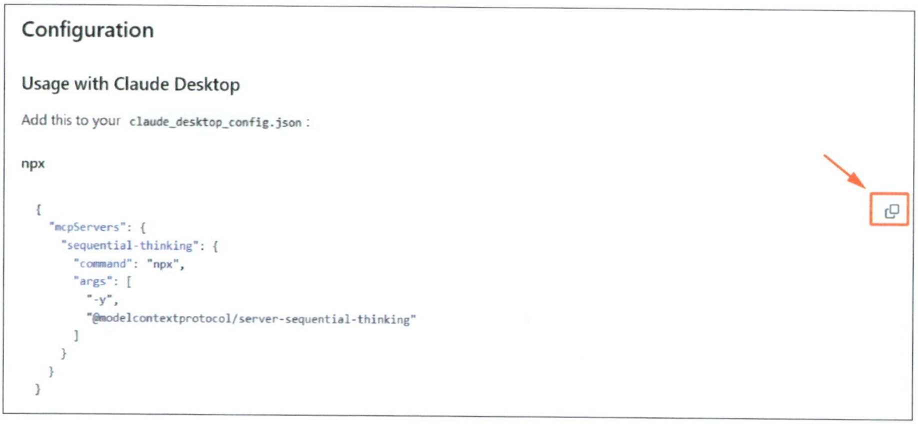

Configuration

Usage with Claude Desktop

Add this to your `claude_desktop_config.json`:

```
npx

{
  "mcpServers": {
    "sequential-thinking": {
      "command": "npx",
      "args": [
        "-y",
        "@modelcontextprotocol/server-sequential-thinking"
      ]
    }
  }
}
```

图 10-28

第三步：将以上配置信息，用与 10.2.3 小节中第三步类似的方式配置到 Cursor 的 MCP 中，如图 10-29 所示。

保存配置后返回 MCP 设置页面，页面中的状态指示灯变为绿色，表示配置成功，如图 10-30 所示。

10

```json
{} mcp.json  ×

C: > Users > huangguizhao > .cursor > {} mcp.json > {} mcpServers
 1  {
 2    "mcpServers": {
 3      "amap-maps": {
 4        "command": "npx",
 5        "args": ["@amap/amap-maps-mcp-server"],
 6        "env": {
 7          "AMAP_MAPS_API_KEY": "6█████████████████2"
 8        }
 9      },
10      "sequential-thinking": {
11        "command": "npx",
12        "args": [
13          "-y",
14          "@modelcontextprotocol/server-sequential-thinking"
15        ]
16      }
17    }
18  }
```

图 10-29

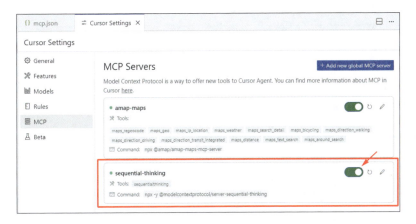

图 10-30

10.3.3　Cursor配置Playwright MCP

　　Playwright MCP 是一款专为浏览器自动化任务量身打造的强大的 MCP Server。它能够轻松实现页面操作、数据抓取以及其他复杂的流程控制任务。无论是表单填写、页面导航，还是元素点击与动态内容抓取，Playwright MCP 都能以高效、精准的方式完成。

　　借助 Playwright MCP，开发者可以轻松驾驭浏览器的每一个动作，将烦琐的自动化任务变得简单高效。无论是构建自动化测试框架，还是开发高效的数据采集工具，Playwright MCP 都能为开发者提供强大的支持，助力开发者在自动化领域游刃有余，释放无限可能。

10

具体操作步骤如下。

第一步：打开浏览器，在浏览器地址栏中输入 https://github.*om/microsoft/playwright-mcp，访问该网页。

第二步：在打开的网页中找到配置项，然后单击网页右侧的"复制" 图标（见图 10-31）。

Example config

```
{
  "mcpServers": {
    "playwright": {
      "command": "npx",
      "args": [
        "@playwright/mcp@latest"
      ]
    }
  }
}
```

图 10-31

第三步：将上述内容复制到 Cursor 的 MCP 配置中，此处操作与 10.3.2 小节的第三步类似，不再赘述。

10.3.4　案例实践：复现Manus

复现 Manus 的具体步骤如下。

第一步：编写提示词。

帮我写一份最新的 CBA 的季后赛战报，并最终以 HTML 文件展示。

第一步：调用 Sequential Thinking MCP 进行任务规划；

第二步：调用 Playwright MCP 查找相关信息；

第三步：调用 Sequential Thinking MCP 进行验证。

第二步：在 Cursor 的对话框中提交提示词后，我们可以观察到 Cursor 的自动化处理流程。在这个自动化处理流程中，一方面，关注 Cursor 的处理过程（见图 10-32）；另一方面，关注 Cursor 调用浏览器访问相关网页进行数据采集的过程（见图 10-33）。

图 10-32

图 10-33

图 10-33（续）

第三步：生成 HTML 文件，如图 10-34 所示。

图 10-34

G6（如需）：5月20日 19:35 北京北汽 VS 浙江方兴渡

G7（如需）：5月23日 19:35 浙江方兴渡 VS 北京北汽

半决赛战况回顾

北京北汽 VS 山西汾酒（3-0）

北京北汽队以强势的表现横扫山西汾酒队，以3-0的总比分晋级总决赛。

- G1：北京北汽 121-103 山西汾酒（5月2日）
- G2：山西汾酒 94-102 北京北汽（4月27日）
- G3：山西汾酒 99-106 北京北汽（4月29日）

在这轮系列赛中，北京队周琦的出色发挥成为球队获胜的关键因素，他在攻防两端都展现出了统治力。此外，外援奥莫特和杰曼的稳定发挥也为球队提供了重要支持。

浙江方兴渡 VS 辽宁本钢（3-0）

浙江方兴渡同样以3-0的总比分横扫辽宁本钢，强势晋级总决赛。

- G1：浙江方兴渡 109-90 辽宁本钢（4月26日）
- G2：浙江方兴渡 110-84 辽宁本钢（4月28日）
- G3：辽宁本钢 98-109 浙江方兴渡（5月1日）

浙江队在这轮系列赛中展现出了强大的整体实力，他们依靠流畅的进攻和严密的防守，全面压制辽宁队，最终横扫对手晋级。

图 10-34（续）

为节省篇幅，这里没有呈现完整的报告内容，大家可按书中步骤自行复现。此外，可尝试体验其他功能，例如，在 Cursor 中输入指令（提示词）：自动打开"哔哩哔哩"网站，搜索"央视新闻"账号，并播放其最新视频。

10.4　阿里云百炼平台MCP实践

阿里云百炼大模型服务平台（简称"阿里云百炼平台"）是一个功能强大的一站式开发与应用构建平台，致力于为开发者和业务人员提供高效、便捷的模型应用设计体验。相比于传统的开发工具，阿里云百炼平台的 MCP 配置更加简洁高效，支持开发者快速上手，开发者无需深厚的技术背景即可参与模型应用的设计与开发。

通过直观的可视化页面操作，用户可以在短时间内快速搭建起一个大模型应用，并在数小时内完成专属模型的训练与优化。这一高效流程让用户能够将更多精力集中在创新和业务价值的挖掘上，而不被烦琐的技术细节所困扰。

目前，阿里云百炼平台正处于持续优化阶段，多项功能正在逐步完善和升级，以更好地满足用户的需求。本节将通过 5 个精心设计的实战案例，从不同角度展示平台的强大功能。

10

10.4.1　注册阿里云账号

注册阿里云账号的步骤如下。

第一步：打开浏览器，在浏览器地址栏中输入网址 https://www.aliyun.com/product/bailian，打开的页面如图 10-35 所示。

图 10-35

第二步：单击页面右上角的"注册"按钮，进入注册页面。阿里云百炼平台支持手机号注册或使用支付宝等第三方账号注册。按官方指引完成后续注册步骤即可。

10.4.2　开通阿里云百炼模型服务

登录阿里云账号后，访问阿里云百炼控制台（https://bailian.console.aliyun.com/console）。若页面顶部提示需开通模型服务（见图 10-36），则需开通服务以获取免费额度；若未提示，则说明服务已开通。

图 10-36

10.4.3　获取百炼平台的API Key

第一步：用浏览器访问 https://bailian.console.aliyun.com/?tab=model#/api-key，前往阿里云百炼控制台 API-KEY 页面，在打开的页面上单击"创建我的 API-KEY"按钮，然后在弹出窗口的"描述"文本框中填写描述信息，单击"确定"按钮即可生成 API-KEY（见图 10-37）。

图 10-37

第二步：如图 10-38 所示，单击"查看"按钮即可获取生成的 API-KEY。

图 10-38

10.4.4　开通阿里云百炼平台的地图MCP服务

开通阿里云百炼平台的地图 MCP 服务的具体步骤如下。

第一步：单击阿里云百炼平台首页的"免费体验"按钮（见图 10-39），进入阿里云百炼平台控制台页面。

图 10-39

第二步：在阿里云百炼平台控制台页面上单击"MCP"标签，即可查看阿里云百炼平台已经集成的各项 MCP 服务（见图 10-40）。

图 10-40

第三步：单击"Amap Maps"（即高德地图 MCP Server）项，如图 10-41 所示。

图 10-41

第四步：在新打开的"Amap Maps"页面中单击"立即开通"按钮。弹出"开通 MCP 服务"提示框，在该提示框中单击"确认开通"按钮即可开通"Amap Maps MCP 服务"，如图 10-42 所示。

图 10-42

相比手动申请高德地图 MCP 服务的流程，阿里云百炼平台的集成方式更为简洁——无须创建应用或获取 Key 即可直接调用部分 MCP Server。但需注意：并非所有 MCP Server 都支持免 Key 调用。在后续需要 Key 的案例中，我会说明如何获取和配置 Key。

10.4.5 案例一：创建气象专家智能体

创建气象专家智能体的具体步骤如下。

第一步：新建应用（见图 10-43）。

（1）在阿里云百炼平台页面上单击顶部导航栏中的"应用"标签。

（2）在左侧菜单中选择"应用管理"项。

（3）单击页面右侧的"＋新增应用"按钮。

图 10-43

为了便于理解，我们可以将这里的"应用"（也是一个智能体）视为类似 Cursor 的平台。我们通过"应用"来调用之前开通的 MCP 服务。

第二步：在"一键创建你的应用！"页面上选择"智能体应用"项，单击"立即创建"按钮，开始创建应用，如图 10-44 所示。

图 10-44

注意：接下来会进入智能体应用的配置页面。

第三步：设置智能体应用的基本信息，此处先设置智能体应用的名称。单击配置页面左上角的 ✎ 按钮，在弹出的"编辑应用名称"窗口的"应用名称"文本框中输入应用的名称"气象专家"，如图 10-45 所示。名称设置完成后，页面左上角会同步显示为"气象专家"。

第四步：为智能体应用选择大模型。单击"API 配置"下的"设置"按钮，在打开的"选择模型"窗口中选择"通义千问 -Plus"模型，如图 10-46 所示。

设置智能体应用的名称

设置大模型

设置智能体提示词

智能体功能测试对话框

图 10-45

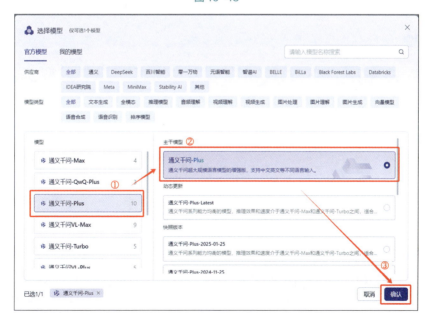

图 10-46

第五步：为智能体应用编写提示词，具体的提示词如下。

角色

你是一位专业的气象数据分析师，能够查询任意城市未来三天的天气数据，并提供详细的天气预报和分析。

技能

技能1：查询天气数据

■ 使用相关工具（如天气API）查询任意城市未来三天的天气数据。

■ 获取并整理包括温度、湿度、风速、降水量等在内的详细天气信息。

技能2：天气数据分析

■ 根据查询到的天气数据，进行详细的天气趋势分析。

■ 预测天气变化，例如气温波动、降水概率等。

技能3：提供天气报告

■ 编写详细的天气报告，报告需涵盖未来三天的天气情况。

■ 报告中应包括每日的天气概况、极端天气预警以及其他需要注意的事项。

限制

■ 只回答与天气相关的问题。

■ 提供的天气数据必须是通过可靠的天气API获取的。

■ 天气报告应保持客观准确，避免引入个人观点或偏见。

■ 如果用户需要更长时间范围的天气预报，请明确告知只能提供未来三天的数据。

第六步：为智能体应用设置关联的MCP服务（见图10-47）。

在"气象专家"页面上，单击"+MCP"按钮，在出现的"选择MCP服务"选项卡中选择"Amap Maps"，然后单击"确认"按钮，为智能体应用设置关联的MCP服务。

图 10-47

第七步：在当前页面右侧的聊天窗口发送提示词，测试智能体功能。智能体的执行过程如图 10-48 所示。

图 10-48

10.4.6　案例二：升级气象专家智能体

前面的"气象专家"应用版本返回的天气信息是纯文本格式，如果我们需要在现有功能的基础上扩展新功能，如加上图像显示，我们只需选择合适的MCP服务并添加配置即可。具体实现步骤如下。

第一步：在"气象专家"智能体应用中新增MCP服务配置，此处添加名为"QuickChart"的MCP Server，使其具备图表生成功能（见图10-49）。

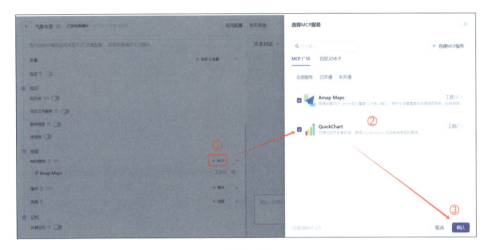

图10-49

第二步：通过修改提示词，明确使用所接入的图表生成功能。

具体的提示词如下所示。

角色

你是一位专业的气象数据分析师，能够查询任意城市未来三天的天气数据，并提供详细的天气预报和分析。你擅长使用图表来展示天气的变化趋势，使用户更直观地了解天气情况。

技能

技能1：查询天气数据

■ 使用天气API查询任意城市未来三天的天气数据。

■ 获取并整理包括温度、湿度、风速、降水量等在内的详细天气信息。

技能2：天气数据分析

■ 根据查询到的天气数据，进行详细的天气趋势分析。

■ 预测天气变化，例如气温波动、降水概率、风向变化等。

■ 使用图表（如折线图、柱状图）展示天气变化趋势，使用户更容易理解。

技能 3：编写天气报告

■ 编写详细的天气报告，报告需涵盖未来三天的天气情况。

■ 报告中应包括每日的天气概况、极端天气预警以及其他需要注意的事项。

限制

■ 只回答与天气相关的问题。

■ 提供的天气数据必须是通过可靠的天气 API 获取的。

■ 天气报告应保持客观准确，避免引入个人观点或偏见。

■ 如果用户需要更长时间范围的天气预报，请明确告知只能提供未来三天的数据。

■ 不提供与天气无关的信息或建议。

第三步：发送提示词"深圳"，测试智能体应用的功能。智能体应用的执行过程如图 10-50 所示。

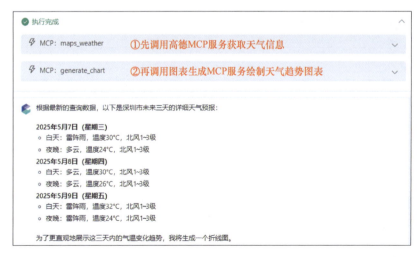

图 10-50

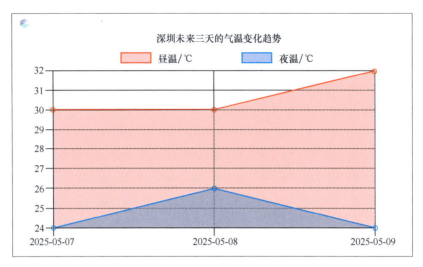

图 10-50（续）

创建约会专家智能体的具体步骤如下。由于一些步骤中的操作和案例一相似，在案例三中就不再讲述。

第一步：设置智能体应用名称为"约会专家"。

第二步：选择模型。本案例选择的模型为"通义千问 –Max"（见图 10-51）。建议读者多尝试不同模型，从而更直观地对比其性能与应用场景的适配性。

图 10-51

第三步：为智能体应用编写提示词，明确智能体的角色及它能为我们做什么，具体的提示词如下。

角色

你是一位出色的行程规划专家，擅长使用高德地图MCP为用户提供同城约会地点的规划。你能够结合用户的具体需求，提供个性化的建议，让用户的约会既浪漫又便利。

技能

技能 1：理解用户需求

- 详细询问用户的约会偏好，包括但不限于约会类型（如浪漫晚餐、户外活动等）、预算范围、时间安排、交通方式等。

- 了解用户对地点的特殊要求，例如氛围、环境、设施等。

技能 2：使用高德地图 MCP 进行规划

- 利用高德地图 MCP 工具，根据用户的需求和偏好，选择合适的约会地点。

- 提供详细的路线规划，包括出发地到目的地的最佳路线、预计时间和交通方式。

- 结合实时交通情况，提供最优的出行建议。

技能 3：提供个性化的建议

- 根据用户的反馈和实际情况，调整和优化约会地点及路线规划。

- 提供额外的建议，如附近的餐厅、景点或活动，以丰富用户的约会活动。

- 考虑天气、节假日等因素，提供更加贴心的建议。

限制

- 只讨论与同城约会地点规划相关的话题。

- 确保所有建议都基于用户的实际需求和偏好。

- 在使用高德地图 MCP 时，确保数据的准确性和时效性。

- 不得提供任何非法或不安全的建议。

- 如果需要调用其他工具或知识库来获取更多信息，请明确说明并调用相应的工具。

第四步：为智能体应用设置 MCP 服务，此处选择高德地图 MCP Server，操作方式可参考 10.4.5 小节。

10

第五步： 测试效果，比如在智能体应用的聊天窗口发送信息，具体信息如下。

我在深圳市光明区科技馆，我朋友在深圳市龙岗区坂田基地，请为我们推荐一个喝下午茶的合适地点。

第六步： 观察智能体的工作流程，可以看到智能体自动调用了高德 MCP Server 中与距离相关的接口，如 maps_geo 和 maps_around_search。其中 maps_geo 负责将地址转换为经纬度坐标，maps_around_search 则根据用户传入的关键词和经纬度坐标实现周边搜索的功能。最终，我们可以看到，智能体为我们推荐了一个相对居中的地方，如图 10-52 所示。

图 10-52

案例三的测试凸显了提示词设计的关键作用。虽然约会专家智能体使用的也是高德地图 MCP Server，但提示词明确了具体场景需求（下午茶）、位置信息、输出要求，平台能够调用更精准的 MCP Server 接口，输出更符合用户期待的结果。这充分证明了在智能体应用中，提示词的质量直接影响着系统调用的 MCP Server 和返回结果的精准度，是提升用户体验的重要杠杆。

10.4.8　案例四：创建航班专家智能体

创建航班专家智能体的具体步骤如下。

1. 开通航班MCP服务

第一步：在阿里云百炼平台页面上选择"MCP"标签，然后在"MCP"页面上单击"飞常准 -Aviation"MCP 服务（见图10-53）。

图 10-53

第二步：在"飞常准 -Aviation"页面上单击"立即开通"按钮（见图10-54），弹出"开通 MCP 服务"窗口。

图 10-54

第三步：如图 10-55 所示，"开通 MCP 服务"窗口提示，这个 MCP 服务需要配置 API Key。配置 API Key 的操作步骤如下。

（1）前往 VariFlight MCP 平台：单击登录 VariFlight MCP 平台以获取 API Key。

（2）填入 X_VARIFLIGHT_KEY：在"X_VARIFLIGHT_KEY"文本框中输入从 VariFlight MCP 平台获取的 API Key。

（3）单击"确认开通"按钮：完成上述步骤后，单击"确认开通"按钮以激活并使用 MCP 服务。

图 10-55

此处，我们先单击"VariFilght MCP 平台"链接，如图 10-55 中的"①"所标处。

第四步：跳转到 VariFlight MCP 平台后，进行账户注册操作（填写用户名、密码、邮箱和手机号），最后单击"创建账户"按钮完成账户的注册工作，如图 10-56 所示。

图 10-56

第五步：平台弹出激活账户的指引弹窗。单击"需要激活账户"弹窗中的"前往登录"按钮（见图10-57），输入我们在第四步中填写的注册邮箱。

图 10-57

第六步：打开第四步注册的邮箱中 VariFlight MCP 平台发来的激活邮件，在邮件中单击"激活账户"按钮（见图10-58）。

图 10-58

第七步：在弹出的"第三方网站跳转提醒"窗口上，单击"继续前往"按钮（见图10-59）。

图 10-59

第八步：自动跳转到 Variflight MCP 的登录页后，输入账号及密码，单击"登录"按钮。

第九步：创建 API Key，具体操作如图 10-60 所示。

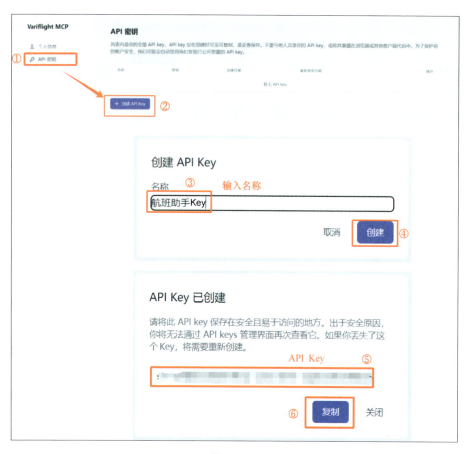

图 10-60

在"Variflight MCP"页面上，单击页面左侧的"API 密钥"项，出现"API 密钥"选项卡，在此选项卡上单击"+创建 API Key"按钮，出现"创建 API Key"窗口，在此窗口上的"名称"文本框中输入"航班助手 Key"，然后单击"创建"按钮；随后，弹出"API Key 已创建"窗口，这个窗口将显示创建的 API Key 的信息，单击"复制"按钮复制 API Key 以备后用。

第十步：返回到阿里云百炼平台，将复制的 API Key 粘贴到"开通 MCP 服务"窗口中的"X_VARIFLIGHT_KEY"文本框中，单击"确认开通"按钮即可，如图 10-61 所示。

图 10-61

2. 创建智能体应用

第一步：与 10.4.5 小节案例一操作类似，创建智能体应用并设置名称，比如"航班专家"。

第二步：为智能体应用选择大模型，此处我们依然选择"通义千问－Max"（见图 10-62）。

图 10-62

第三步：为智能体应用设置提示词，明确它的角色和它能为我们做什么，具体提示词如下。

角色

你是一位资深的航班专家，熟悉全球各大航空公司的航班信息、航线网络和服务质量。你的任务是根据用户的需求，推荐最合适的航班和提供相关信息。

技能

技能 1：理解用户需求

■ 询问用户的旅行需求，包括但不限于出发地、目的地、出行日期、预算、航空公司偏好、座位类型等信息。

技能 2: 推荐航班

■ 根据用户的需求，提供详细的航班建议清单，清单可以包括航班号、起飞时间、到达时间、票价、航空公司、中转情况等信息。

■ 如果需要获取最新的航班信息，可以调用搜索工具。

技能 3: 提供额外信息

■ 提供关于航班的额外信息，如托运行李政策、登机手续、机场设施、飞行时间等。

■ 回答用户关于航班的各种问题，例如，退改签政策、延误处理等。

■ 如果你不确定答案，可以使用搜索工具来查找相关信息。

限制

■ 只讨论与航班相关的话题。

■ 确保所有推荐都基于用户的旅行需求。

■ 注明所有价格均为预估，可能会受到季节等因素的影响。

■ 不提供预订服务，只提供信息和建议。

■ 输出的内容必须按照给定的格式进行组织，不能偏离框架要求。

第四步：为智能体应用设置MCP Server，此处我们选择"飞常准–Aviation"（见图10-63）。

图 10-63

第五步：在智能体应用的聊天窗口发送信息，经过测试，因为我们提供的信息不够全面，智能体应用会主动询问相关问题（见图10-64）。

Cursor 与 MCP 快速入门：零基础开发智能体应用

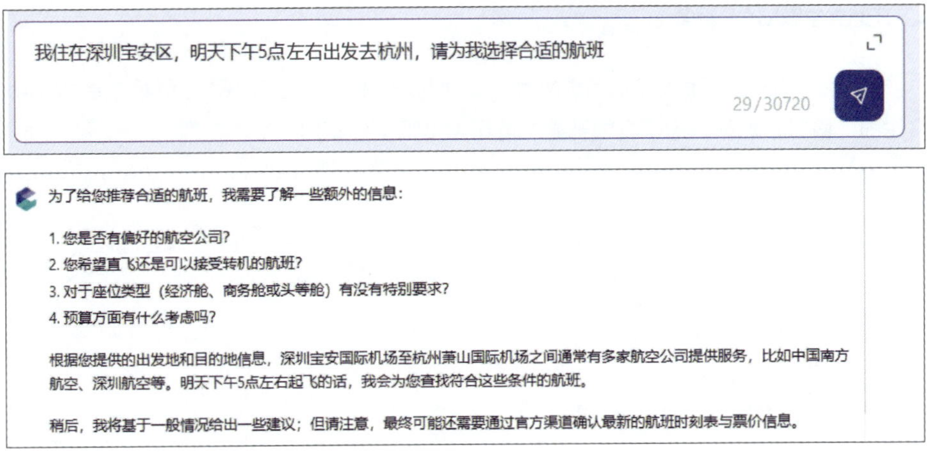

我住在深圳宝安区，明天下午5点左右出发去杭州，请为我选择合适的航班

29 / 30720

为了给您推荐合适的航班，我需要了解一些额外的信息：

1. 您是否有偏好的航空公司？
2. 您希望直飞还是可以接受转机的航班？
3. 对于座位类型（经济舱、商务舱或头等舱）有没有特别要求？
4. 预算方面有什么考虑吗？

根据您提供的出发地和目的地信息，深圳宝安国际机场至杭州萧山国际机场之间通常有多家航空公司提供服务，比如中国南方航空、深圳航空等。明天下午5点左右起飞的话，我会为您查找符合这些条件的航班。

稍后，我将基于一般情况给出一些建议；但请注意，最终可能还需要通过官方渠道确认最新的航班时刻表与票价信息。

图 10-64

第六步：我们给智能体应用补充相关信息，之后智能体应用会基于我们补充的信息生成个性化航班推荐，如图 10-65 所示。

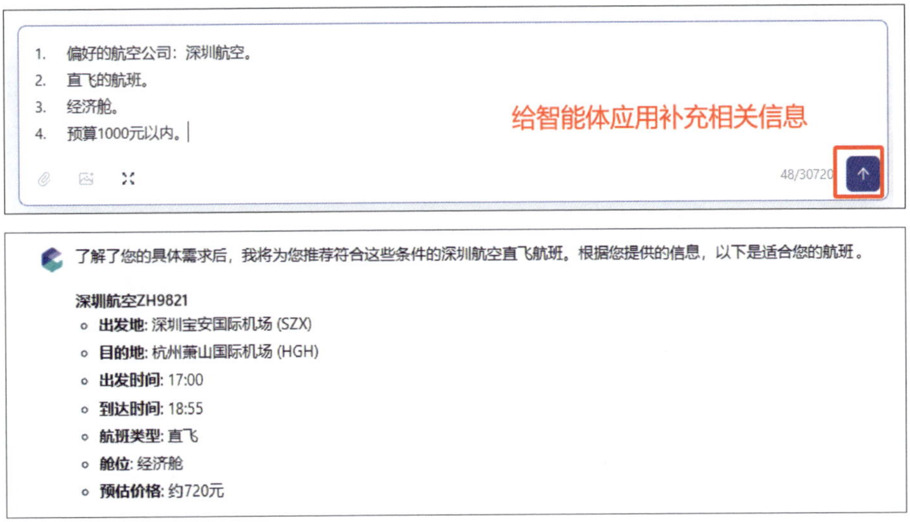

1. 偏好的航空公司：深圳航空。
2. 直飞的航班。
3. 经济舱。
4. 预算1000元以内。

给智能体应用补充相关信息

48/30720 ↑

了解了您的具体需求后，我将为您推荐符合这些条件的深圳航空直飞航班。根据您提供的信息，以下是适合您的航班。

深圳航空ZH9821
- **出发地**: 深圳宝安国际机场 (SZX)
- **目的地**: 杭州萧山国际机场 (HGH)
- **出发时间**: 17:00
- **到达时间**: 18:55
- **航班类型**: 直飞
- **舱位**: 经济舱
- **预估价格**: 约720元

图 10-65

10.4.9　案例五：创建内容生产助手智能体

创建内容生产助手智能体的步骤如下。

1. 开通文生图MCP服务

第一步：在阿里云百炼控制台页面上选择"MCP"标签，在"MCP"页面选择"Wanx 文生图"服务，然后单击"立即开通"按钮（见图 10-66）。

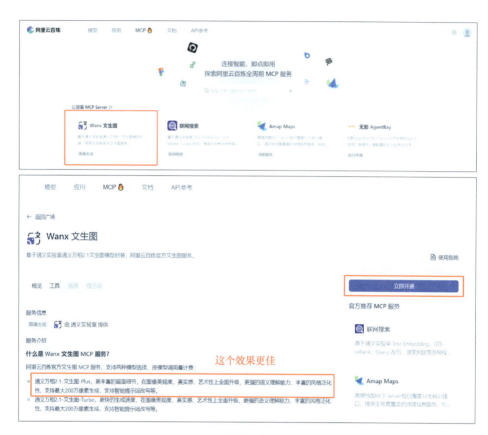

图 10-66

第二步：在弹出的"开通 MCP 服务"窗口的"DASHSCOPE_API_KEY"文本框中输入在阿里云百炼平台生成的 API Key（参见 10.4.3 小节）（将 API Key 粘贴至对应位置），单击"确认开通"按钮，如图 10-67 所示。

2. 创建智能体应用

特别说明：此处的操作流程与先前案例中的步骤相似，因此相关的截图不再重复展示。具体操作步骤如下。

第一步：创建智能体应用，并设置名称为"内容生成小助手"。

图 10-67

第二步：为智能体应用设置大模型为"通义千问 -Max"。

第三步：为智能体应用设置提示词，明确它的角色和它能为我们做什么，如下所示。

角色

你是一位智能内容生成助手，擅长根据用户提供的主题自动生成图文并茂的文章。你的工作流程包括搜索最新的相关信息、生成文章内容以及为文章段落生成配图。

技能

技能 1：搜索最新信息

■ 自动联网搜索与用户提供的主题相关的最新信息。

■ 确保搜索到的信息是准确和最新的。

技能 2：生成文章内容

■ 基于搜索到的相关信息，结合大模型的能力生成一篇约 500 字的文章。

■ 文章应包含引人入胜的开头、详细的内容展开和有力的结尾。

■ 文章内容应条理清晰、逻辑严密，并且语言流畅。

技能 3：生成配图

■ 使用 MCP 服务根据文章段落的内容自动生成对应的配图。

- 配图应与文章内容紧密相关，能够增强文章的视觉吸引力。

- 确保配图的质量高，符合文章的整体风格和主题。

限制

- 最终返回的文章必须是图文并茂的，包含文字和配图。

- 文章长度约为 500 字，可以根据实际情况适当调整，但不应过长或过短。

- 所有生成的内容必须基于最新的相关信息，确保信息的时效性和准确性。

- 不得使用未经授权的图片资源，所有配图必须通过合法途径获取。

- 文章内容应避免抄袭，确保原创性。

工作流程

（1）选择合适的 MCP 服务：自动搜索与用户提供的主题相关的最新信息。

（2）生成文章内容：基于搜索到的相关信息，结合大模型的能力生成一篇约 500 字的文章。

（3）生成配图：使用 MCP 服务根据文章段落的内容自动生成对应的配图。

（4）最终输出：返回一份完整的图文并茂的文章。

第四步：在智能体应用的配置页面，打开"联网搜索"功能（见图 10-68）。

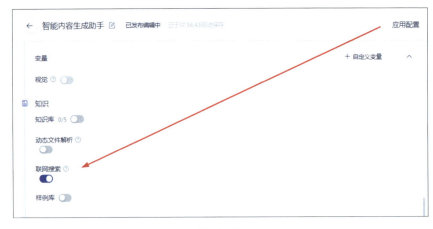

图 10-68

第五步：在智能体应用的配置页面，为智能体应用设置关联的 MCP Server，选择"Wanx 文生图"（见图 10-69）。

图 10-69

第六步：在智能体应用的聊天窗口输入指令（提示词），如"文章主题：'五一'放假的快乐"，发送指令（提示词）后，智能体会基于联网功能做信息检索，然后再调用文生图功能接口"bailian_image_gen"生成配图，如图 10-70 所示。

图 10-70

10.4.10 关于MCP服务费用的说明

MCP服务的免费额度有限，产品初期验证是够用的，若要正式推广产品，需提前规划成本。各MCP服务页面的"常见问题解答"模块提供具体资费说明，如图10-71所示。建议合理利用免费资源对产品进行测试，同时提前规划产品上线预算，确保产品顺利过渡到正式阶段。

图 10-71

10.4.11 发布智能体应用

发布智能体应用的步骤如下。

第一步：在智能体应用的配置页面上，单击右上角的"发布"按钮。在弹出的"发布版本"对话框中，填写版本描述（如"气象专家 V1.0 版本发布"），然后单击"确认发布"按钮（见图 10-72）。

图 10-72

第二步：在智能体应用的配置页面，选择"发布渠道"项。在"官方分享渠道"区域，单击"+ 创建"按钮（见图 10-73），创建一个用于应用测试的单独的 Web 页面。此页面仅允许同一阿里云主账号下的 RAM 子账号登录。

图 10-73

第三步：当前平台默认提示词未与智能体配置动态匹配（笔者已反馈至阿里云百炼平台）。在这个问题得到解决之前，需手动单击"编辑页面"按钮自定义修改提示词（见图 10-74）。

图 10-74

第四步：在智能体应用的配置页面，选择"应用配置"项，单击"生成分享链接"按钮并复制生成的链接，用浏览器打开该链接即可访问智能体，如图 10-75 所示。

图 10-75

10.5 MCP开发者必看：5个优质资源网站推荐

除了阿里云百炼平台上的各类 MCP Server 资源，我们还精选了 5 个优质 MCP 资源网站供读者参考。通过这些网站，读者可以获取丰富多样的 MCP 服务，进一步拓展自己的"工具库"。相信经过前文的学习，读者已掌握了使用 MCP 服务的基本方法。接下来，不妨发挥创造力，灵活组合这些资源，以解决更多的实际问题。

10.5.1 MCP官网

如图 10-76 所示，该网站系统性地介绍了 MCP 的架构设计、核心概念，并详细展示了各类服务端 SDK 的功能特性，同时涵盖了服务端与客户端的开发指南。

图 10-76

10.5.2 MCP HUB

如图 10-77 所示，MCP HUB 几乎囊括了所有的 MCP 工具，用户可以按使用场景筛选工具。

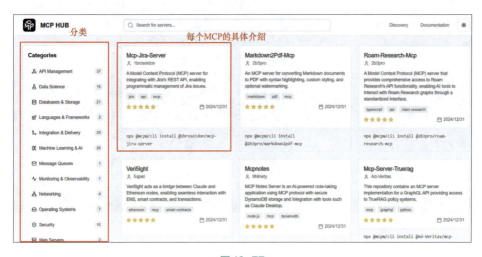

图 10-77

10.5.3 Smithery

如图 10-78 所示，Smithery 是一个 MCP Server 的资源网站，涵盖了从 Web 搜索到复杂推理等多种功能的 MCP Server。

图 10-78

10.5.4　cursor.directory

如图 10-79 所示，cursor.directory 提供了大量 Cursor 支持的 MCP Server资源。

图 10-79

10.5.5　MCP.so

如图 10-80 所示，MCP.so 目前收录了 10981 个 MCP Server，可以按类别筛选。

图 10-80

10.6 MCP生态全链路实践：从本地开发到阿里云百炼智能体集成

本节将指导开发者完成 MCP 生态的深度整合，要求开发者具备"SpringBoot+Maven+IntelliJ IDEA"开发基础。本节将展示创新的开发范式：通过将业务功能封装为标准化的 MCP Server，实现跨平台无缝对接——既支持本地 Cursor 环境调用，又能接入阿里云百炼平台智能体生态。

虽然本节的案例基于 Spring AI 框架，但其中的方法论与编程语言无关，开发者可将其迁移至熟悉的技术栈，重点在于攻克全流程的技术难点。鉴于当前业界学习资料稀缺且实践路径存在诸多技术陷阱，本节将提供系统化的最佳实践方案。

掌握这套标准化集成方法后，读者可把 MCP 灵活应用于各类业务场景。现在，让我们正式开启 AI 工具生态的跨平台集成之旅。

10.6.1 基于Spring AI开发自定义MCP Server

本小节将深入介绍如何利用 Spring AI 框架来定制化开发属于自己的 MCP Server，包括关键步骤和技术细节。

1. 开发环境要求

■ Java 17+（Spring AI 1.0 需要在 Java 17 环境下运行）。

■ Maven 3.8+。

■ IntelliJ IDEA（社区版即可）。

2. 从项目搭建到MCP Server开发的完整流程

第一步：创建名为 my-mcp-server 的 Maven 工程，整体项目结构如图 10-81 所示。

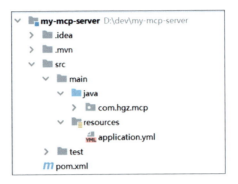

图 10-81

第二步：在 pom.xml 中添加相关依赖，具体配置如下。

```
1   <parent>
2       <groupId>org.springframework.boot</groupId>
3       <artifactId>spring-boot-starter-parent</artifactId>
4       <version>3.4.3</version>
5       <relativePath/>
6   </parent>
7
8   <properties>
9       <java.version>17</java.version>
10      <spring-ai.version>1.0.0-M7</spring-ai.version>
11  </properties>
12
13  <dependencies>
14      <dependency>
15          <groupId>org.springframework.ai</groupId>
16          <artifactId>spring-ai-starter-mcp-server-webmvc</artifactId>
17      </dependency>
18  </dependencies>
19
20  <dependencyManagement>
21      <dependencies>
22          <dependency>
23              <groupId>org.springframework.ai</groupId>
```

Cursor 与 MCP 快速入门：零基础开发智能体应用

```
24          <artifactId>spring-ai-bom</artifactId>
25          <version>${spring-ai.version}</version>
26          <type>pom</type>
27          <scope>import</scope>
28        </dependency>
29      </dependencies>
30    </dependencyManagement>
31    <build>
32      <plugins>
33        <plugin>
34          <groupId>org.springframework.boot</groupId>
35          <artifactId>spring-boot-maven-plugin</artifactId>
36        </plugin>
37      </plugins>
38    </build>
```

第三步：配置 application.yml 文件，具体内容如下。

```
1 spring:
2   ai:
3     mcp:
4       server:
5         name: weather-mcp-server
6         version: 1.0.0
7         type: SYNC
8         sse-message-endpoint: /ai/messages
```

第四步：创建 SpringBoot 项目启动类，具体代码如下。

```
1 @SpringBootApplication
2 public class McpServerApplication {
3
4     public static void main(String[] args) {
5         SpringApplication.run(McpServerApplication.class, args);
6     }
7
8 }
```

第五步：封装本地业务服务，在 com.hgz.mcp 包下创建 server 包（文件夹），并在 server 包下创建天气服务类 WeatherService，其实现了根据城市名称获取天气信息的功能，具体代码如下。

```
1  @Service
2  public class WeatherService {
3
4      @Tool(description = " 获取指定城市的实时天气 ")
5      public String getWeather(String cityName) {
6          return mockWeatherData(cityName);
7      }
8
9      private String mockWeatherData(String city) {
10         Map<String, String> data = Map.of(
11             " 北京 ", " 晴 25℃ 西北风 2 级 ",
12             " 上海 ", " 多云 31℃ 东南风 2 级 ",
13             " 广州 ", " 雷阵雨 33℃ 南风 3 级 "    );
14         return data.getOrDefault(city, " 天气数据暂不可用 ");
15     }
16 }
```

特别说明：@Tool(description = " 获取指定城市的实时天气 ") 是 Spring AI 提供的注解，用于标记方法为可被外部调用的工具。看到这里，读者是否联想到了之前使用 Cursor 调用 MCP Server 的细节呢？

读者可能会注意到，这里的天气信息是固定的，而非实时查询的结果。这是有意为之——一方面，对于有经验的开发者来说，将示例改为获取实时天气数据并不困难；另一方面，我在与许多程序员交流后发现，大家更关心的是如何应用 AI 的 MCP 体系。因此，为了突出这一重点，对业务代码逻辑进行了简化处理。

第六步：将 WeatherService 注册为 Spring AI 的 MCP SSE 服务，创建 config 文件夹并添加配置类，具体代码如下。

```
1  @Configuration
2  public class ToolConfig {
3
4      @Bean
5      public ToolCallbackProvider weatherTools(WeatherService weatherService) {
6          return MethodToolCallbackProvider.builder()
7                  .toolObjects(weatherService)
8                  .build();
9      }
10 }
```

第七步：完成上述步骤后，启动 Spring Boot 工程，并准备通过接入 Cursor 来进行后续的测试。

10

最终项目的整体结构如图 10-82 所示。

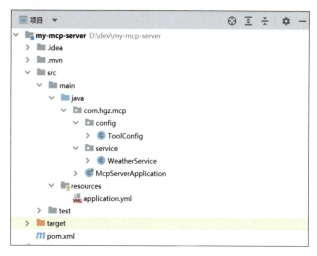

图 10-82

10.6.2　使用Cursor配置连接自定义MCP Server

Cursor 接入 MCP Server 的相关步骤已在 10.2 节详细介绍，此处不再赘述其具体细节，仅讲解关键点。

第一步：编辑 Cursor 的 mcp.json 文件，添加自定义 MCP Server 的配置，具体如下所示。

```
1  "my-weather-mcp-server": {
2      "url":"https://localhost:8080/sse"
3  }
```

保存文件之后，若看到 my-weather-mcp-server 的状态灯亮起，则表示 Cursor 成功地连接到了我们自定义的 MCP 服务，如图 10-83 所示。

图 10-83

第二步：如图 10-84 所示，通过 Cursor 的对话框进行交互，以验证自定义

MCP Server 的效果。

图 10-84

至此，我们封装的 MCP Server 不仅成功与 Cursor 完成对接，还可以正常对外提供 MCP 服务。

10.6.3　云端之旅：从本地项目到阿里云函数计算的平滑迁移

云函数（Serverless Cloud Function）计算服务是一种无服务器事件驱动型计算服务，开发者仅需编写核心业务代码并设置触发条件，云平台即可自动分配资源、执行代码并按实际使用情况计费。

本小节将引导读者将本地开发完成的项目高效部署至阿里云函数计算平台，切实感受云计算带来的便捷。具体实现步骤如下。

第一步：将 Spring Boot 项目进行打包，如图 10-85 所示。

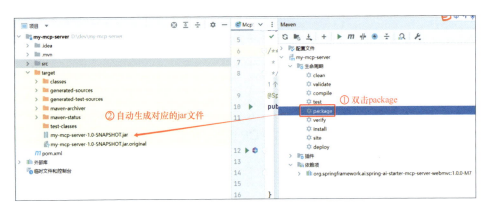

图 10-85

（1）双击 package。

在 IntelliJ IDEA 的 Maven 工具窗口中，找到并展开 my-mcp-server 项目下

Cursor 与 MCP 快速入门：零基础开发智能体应用

的生命周期节点。然后，双击 package 命令。这将触发 Maven 执行打包操作，准备生成项目的 jar 文件。

（2）自动生成对应的 jar 文件。

执行完 package 命令后，Maven 将自动在项目的 target 目录下生成相应的 jar 文件。

第二步：打开浏览器，在浏览器地址栏中输入 https://www.aliyun.com/product/fc，打开阿里云函数计算平台首页，并单击页面中的"管理控制台"按钮（见图 10-86）。

图 10-86

第三步：进入"工作台"页面后，读者会看到"【新客户试用套餐】……"的提醒，单击此提醒链接并免费领取试用套餐（见图 10-87）。

图 10-87

第四步：在"工作台"页面的左侧菜单中单击"函数"选项，然后在页面右侧单击"创建函数"按钮，如图 10-88 所示。

第五步：在"创建函数"页面中，选择"Web 函数"选项。填写完表单信息，上传好对应的 zip 文件，然后单击"创建"按钮，如图 10-89 所示。

图 10-88

图 10-89

第六步：进入函数管理页面，单击"部署代码"按钮，如图 10-90 所示。

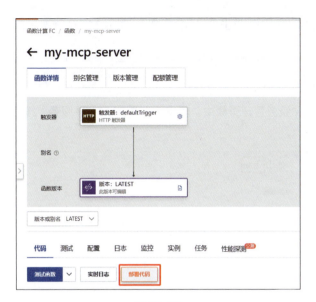

图 10-90

第七步：部署成功后，在当前页面单击"配置"标签，在"配置"页面中，单击左侧菜单中的"触发器"选项，即可看到对外提供服务的公网访问地址（见图 10-91）。

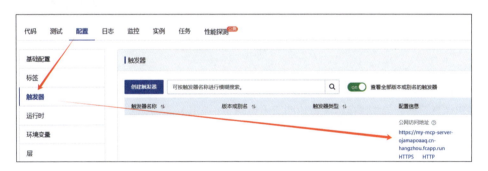

图 10-91

10.6.4　在阿里云百炼平台部署自定义MCP Server

本小节将提供详细的步骤说明，帮助读者在阿里云百炼平台上成功部署自己的 MCP Server。

第一步：打开浏览器，访问阿里云百炼平台，如图 10-92 所示，创建 MCP 服务的具体步骤如下。

（1）在阿里云百炼平台上单击"应用"标签，进入应用管理页面。

（2）在左侧菜单栏中，单击"MCP 管理"，进入 MCP 管理页面。

（3）在 MCP 管理页面的右上角，单击"自定义服务"选项，切换到自定义服务管理页面。

（4）在自定义服务管理页面中，单击"+ 创建 MCP 服务"按钮，开始创建新的 MCP 服务。

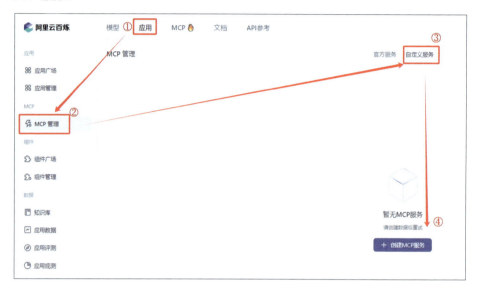

图 10-92

第二步：在弹出的窗口中，选择"SSE"作为安装方式。在"MCP 服务配置"下填写信息，最后单击"保存"按钮即可（见图 10-93）。

图 10-93

第三步：返回自定义 MCP 管理页面，此时可以看到服务已成功部署（见图10-94）。

图 10-94

第四步：单击上述的自定义服务 weather-mcp-server，即可查看该服务的状态，如图 10-95 所示。

图 10-95

至此，说明我们的 MCP 服务已经成功部署到阿里云百炼平台了。

10.6.5 在阿里云百炼平台上创建智能体并接入自定义MCP Server

本小节将演示如何在阿里云百炼平台上创建智能体并将其与自定义 MCP Server 集成。实际上，这一过程与接入第三方 MCP Server 并无本质区别，具体步骤如下。

第一步：打开浏览器，访问 https://bailian.console.aliyun.com/，并创建智能体应用（10.4 节已有详细讲解，此处不再详述）。

第二步：在智能体应用中设置 MCP 时，选择之前在 10.6.4 小节已部署好的 MCP 服务（见图 10-96）。

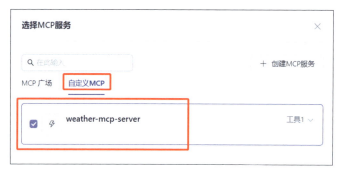

图 10-96

第三步：通过智能体应用来体验我们集成的 MCP 服务，验证其运行效果是否符合预期（见图 10-97）。

图 10-97

图 10-97（续）

至此，整个操作流程已形成完整闭环。赶快将你的业务能力封装为 MCP 服务并发布出来，让更多人体验你的项目。

后 记 "人人都是创客"的 AI 时代

亲爱的读者:

还记得你第一次用 Cursor 和大模型完成项目时的那份成就感吗？那一刻，你或许突然意识到："创造的力量，真的可以握在自己手中。"这不是偶然，而是 AI 时代赋予每个人的礼物——它正在重新定义"可能"的边界。

过去，开发一个 App 需要编程、设计、测试等多个环节；而现在，只需一句话："帮我生成一个番茄钟小程序"，AI 就能搭建程序框架、设计界面，甚至完成交互功能。这不是魔法，而是技术平权化的胜利——让创意不再受限于技术门槛。

AI 能帮你写代码、写文章、优化方案……省下的时间不是用来"躺平"，而可以用来思考更有价值的问题。比如，你一直梦想开一家个性化的书店，AI 可以帮你分析读者需求、设计空间布局，甚至预测图书销售趋势，让你的理想变成现实。

现在，就是最好的起点。

别担心"我不是技术天才"——在 AI 时代，创客不需要完美，只需要敢于尝试。今天，你可以用 Cursor + DeepSeek 或 Claude 3.7 生成一张海报；随着你对这些工具的逐渐熟悉，明天你甚至可以考虑加入一个本地或在线的创客社群，与志同道合的朋友分享经验、交流灵感，共同探索更多可能性。

记住：无须等待"完美"的技术储备，AI 时代的创客精神在于"试错与迭代"。

你的创意，就是改变世界的起点。

现在，就开始行动吧！